南京水利科学研究院出版基金资助

粗粒土缩尺效应与临界状态

郭万里　朱俊高　朱材峰　简富献◎著

河海大学出版社
HOHAI UNIVERSITY PRESS
·南京·

内 容 提 要

本书针对粗粒土的缩尺效应与临界状态这两个难点问题，开展了系列试验与理论研究，揭示了不同缩尺方法和缩尺比例下粗粒土的级配参数变化特征，系统分析了应力、密度和级配这三个主要状态量对粗粒土力学性质的影响，确定了粗粒土力学特性的尺寸效应，综合评估了不同缩尺方法的适用性，提出了适用于宽级配粗粒土的室内试验缩尺方法。在此基础上，进一步讨论了多种典型粗粒土的临界状态，揭示了考虑级配影响的临界状态线漂移规律，建立了扩展的状态相关理论。

本书可供从事土体基本性质及本构理论研究的科研工作者参考使用，对于涉及堆石料、砂砾石料等粗粒土在工程中的使用具有重要参考价值。

图书在版编目(CIP)数据

粗粒土缩尺效应与临界状态 / 郭万里等著. -- 南京 ：河海大学出版社，2023.12

ISBN 978-7-5630-8530-9

Ⅰ. ①粗… Ⅱ. ①郭… Ⅲ. ①粗粒土－建筑材料－研究 Ⅳ. ①TU521.3

中国国家版本馆 CIP 数据核字(2023)第 219815 号

书　　名　粗粒土缩尺效应与临界状态
CULITU SUOCHI XIAOYING YU LINJIE ZHUANGTAI
书　　号　ISBN 978-7-5630-8530-9
责任编辑　陈丽茹
特约校对　吴秀华
装帧设计　徐娟娟
出版发行　河海大学出版社
地　　址　南京市西康路 1 号(邮编：210098)
网　　址　http://www.hhup.com
电　　话　(025)83737852(总编室)　(025)83787763(编辑室)
(025)83722833(营销部)
经　　销　江苏省新华发行集团有限公司
排　　版　南京布克文化发展有限公司
印　　刷　广东虎彩云印刷有限公司
开　　本　718 毫米×1000 毫米　1/16
印　　张　10.75
字　　数　201 千字
版　　次　2023 年 12 月第 1 版
印　　次　2023 年 12 月第 1 次印刷
定　　价　78.00 元

前言

粗粒土是粗颗粒含量大于50%的块石、碎石等组成的无黏性混合料，不仅分布广泛、取材方便，在工程性质等方面更是具有强度高、变形小、透水性强、地震作用下不易液化等优点，因此常作为土石坝、机场、地基处理等工程的主要建筑材料，比如堆石料、碎石料、砂砾石料等。粗粒土的力学性质受到多种因素的影响，人们在对其于颗粒破碎规律、临界状态、剪胀特性、流变规律及缩尺效应等方面已有了较深的认识，但是在一些难点问题上依然存在分歧，比如缩尺效应的影响、临界状态的描述等，目前尚未形成统一认识，甚至意见相左。系统研究粗粒土的缩尺效应、临界状态是理论拓展和工程实践的迫切需求。

粗粒土的缩尺效应主要研究的是颗粒尺寸的变化对力学性质的影响，而颗粒尺寸的变化本质上还是级配的变化；粗粒土的临界状态目前主要研究的是应力水平和孔隙比的变化对力学性质的影响，如前所述，将级配作为状态量引入到经典的状态相关理论之中，建立考虑级配、孔隙比和应力水平的状态相关理论是当前的发展趋势。因此，研究考虑粗粒土级配影响的临界状态，可以定量揭示级配对粗粒土力学性质的影响，进而为解释粗粒土的缩尺效应提供新的思路，这也是本书撰写的初衷。

本书的内容主要来自如下两个科研项目的研究成果：作者作为技术骨干参与的国家自然科学基金——长江水科学研究联合基金“堰塞体状态相关剪胀理论与坝体溃决演化规律研究”（编号：U2040221），以及作者作为项目负责人主持的中央级公益性科研院所基本科研业务费专项资金——南京水利科学研究院重点支持项目“宽级配堰塞体材料临界状态线漂移机理研究”（编号：Y321001）。同时，本书的编写初步得到了南京水利科学研究院出版基金的支持，在此，谨致以衷心的感谢。

本书共分为8章，第1章由郭万里、朱俊高、朱材峰、简富献主要撰写，主要总结了粗粒土的工程特性、缩尺效应与临界状态方面的研究现状；第2章至第5章由朱俊高、郭万里、朱材峰主要撰写，系统开展了粗粒土缩尺效应的试验研究与理论分析，分别从不同缩尺方法对干密度极值的影响、不同缩尺方法对三轴试验结果的影响、不同试样尺寸对三轴试验结果的影响、不同最大粒径对试验结果的影响、混合法缩尺下不同细粒含量对三轴试验结果影响5个方面来对粗粒土的缩尺效应进行系统研究；第6章至第8章由郭万里、简富献主要撰写，对多种典型粗粒土的临界状态进行了分析与讨论，特别地在经典临界状态方程的基础上，扩展了级配的影响，建立同时考虑级配、孔隙比和应力水平的临界状态方程，并在此基础上构建了粗粒土的广义塑性本构模型，验证了该方程的适用性。全书由郭万里组织、修改并定稿。

此外，南京水利科学研究院多位科研人员参与撰写了本书的部分章节，其中，耿之周和李小梅参与撰写了本书第6章至第8章，陆阳洋、钱彬、李威参与撰写了本书第3章至第5章，在此深表感谢。

粗粒土缩尺效应与临界状态皆为土体本构理论的重要组成部分，而土体本构理论是岩土工程学科的重要基础理论。本书的出版仅为抛砖引玉，希望更多的科研工作者参与到该项研究工作中来。由于作者水平有限，书中难免存在许多不足和疏漏之处，恳请各位读者不吝斧正。

作者

2023年8月

于南京清凉山

目录

第 1 章　研究现状 …… 1
1.1　研究背景 …… 1
1.2　国内外研究现状 …… 2
1.3　发展动态 …… 13

第 2 章　粗粒土缩尺效应研究试验方案 …… 14
2.1　引言 …… 14
2.2　相对密度试验仪器 …… 14
2.3　三轴剪切试验仪器 …… 17
2.4　试验土料 …… 20
2.5　试验方法 …… 24
2.6　试验方案设计 …… 28
2.7　本章小结 …… 29

第 3 章　粗粒土级配及干密度分析研究 …… 31
3.1　引言 …… 31
3.2　粗粒土物质组成的总体特性 …… 31
3.3　级配方程适用性研究 …… 33
3.4　不同方法缩尺后级配方程参数变化规律 …… 36
3.5　缩尺方法对粗粒土干密度的影响 …… 39
3.6　本章小结 …… 46

第 4 章　缩尺方法对粗粒土力学特性影响 …… 48
4.1　引言 …… 48
4.2　缩尺方法对粗粒土强度及变形特性的影响 …… 48
4.3　缩尺方法对粗粒土邓肯-张模型参数影响 …… 53

4.4　不同尺寸试样对试验结果的影响 ······ 56
4.5　缩尺方法的对比与分析 ······ 61
4.6　本章小结 ······ 62

第5章　基于混合法的粗粒土缩尺效应探究 ······ 63
5.1　引言 ······ 63
5.2　最大粒径对粗粒土强度及变形特性的影响 ······ 63
5.3　P_5 含量对粗粒土强度及变形特性的影响 ······ 70
5.4　混合法缩尺方法分析 ······ 78
5.5　本章小结 ······ 79

第6章　典型粗粒土临界状态讨论 ······ 80
6.1　引言 ······ 80
6.2　珊瑚砂的临界状态 ······ 80
6.3　戈壁粉土质砂的临界状态 ······ 86
6.4　砂砾石的临界状态 ······ 97
6.5　本章小结 ······ 108

第7章　粗粒土临界状态线漂移机理 ······ 109
7.1　引言 ······ 109
7.2　试验方案 ······ 109
7.3　考虑级配影响的等向固结线统一方程 ······ 113
7.4　考虑级配影响的临界状态线统一方程 ······ 116
7.5　颗粒破碎 ······ 117
7.6　临界状态应力比 ······ 119
7.7　颗粒不破碎时的理论临界状态线 ······ 122
7.8　临界状态线的漂移机理 ······ 137
7.9　本章小结 ······ 139

第8章　考虑级配影响的粗粒土状态相关本构模型 ······ 141
8.1　广义塑形模型的理论基础 ······ 141
8.2　模型的提出 ······ 145

8.3 模型的验证 …………………………………………………… 147
8.4 本章小结 ……………………………………………………… 152

附录 主要符号说明 …………………………………………… 153

参考文献 ……………………………………………………… 155

第1章 研究现状

1.1 研究背景

粗粒土是粗颗粒含量大于50%的块石、碎石等组成的无黏性混合料，不仅分布广泛、取材方便，在工程性质等方面更是具有强度高、变形小、透水性强、地震作用下不易液化等优点，因此常作为土石坝、机场、地基处理等工程的主要建筑材料，比如堆石料、碎石料、砂砾石料等[1-3]。

目前，关于粗粒土力学性质的试验研究已取得了丰硕的成果，但是较多的理论是在黏土和砂土的基础上进行的推广和扩展，适用性有限，比如在临界状态、缩尺效应等重要性质方面都尚未形成统一的认识。一方面，粗粒土本身性质较为复杂，受到母岩、级配、密度、颗粒形状等多种因素的影响[4-6]；另一方面，也是受到室内试验技术的限制。以堆石料为例，实际土石坝工程中的堆石料最大粒径超过1 200 mm，而目前国内科研院所常用的三轴仪、直剪仪等仪器最大允许试验粒径为60 mm，试验所用土料与实际土料在粒径尺寸上的缩尺比例为20倍。缩尺比例的降低能够减小缩尺效应对颗粒破碎、剪胀特性、临界状态及强度变形特性等方面的影响，因此，目前针对粗粒土的室内试验设备的主要趋势是朝着大尺寸、高压力的方向发展，近年来已涌现出了不少大型和超大型试验仪器，为深化研究粗粒土力学性质缩尺效应提供了物质基础。

砂土、堆石料等散粒材料的强度变形性质对孔隙比和应力状态具有显著的依赖性[7-12]，传统的土体本构模型只能对某一制样密度(孔隙比)下的应力应变关系进行预测。换言之，同一种散粒材料如果初始孔隙比不同，则要确定不同的模型参数，这样实际上是把不同初始孔隙比的散粒体当成了不同的材料。显然，这样的模型没有反映散粒体材料状态相关的本质。土体的临界状态指的是三轴固结剪切试验中，当剪应变持续变化时，有效正应力、偏应力、体变均不再发生变化。临界状态可以作为稳定参考状态，在此基础上通过当前状态与稳定状态的差异定义一个状态参量，然后将状态参量引入强度准则、剪胀方程、硬化规律，能够同时反映孔隙比和应力水平的影响，弥补传统模型存在的缺陷。

关于粗粒土临界状态理论的研究主要集中在两个方面：临界状态应力比和临界状态方程。筑坝堆石料等粗粒土在高应力状态下显著的颗粒破碎效应对其力学性质影响较为复杂，临界状态表现出与基于砂土建立的经典临界状态理论不一样的性质，因此对粗粒土临界状态的描述目前存在较大差异。

综上所述，粗粒土的缩尺效应与临界状态是粗粒土力学性质研究方面的两个重难点，本书将围绕这两个问题开展系列试验与理论研究。

1.2 国内外研究现状

1.2.1 粗粒土的工程特性

1. 压实性能

粗粒土在实际工程应用中经过外力进行压实，达到工程设计所要求的密实度后，能够很好地维持压实后的状态，不像软黏土一样会出现回弹、大规模的软塌等影响工程质量的因素。众多学者对堆石料压实特性的影响因素和规律进行了研究。杜俊等[13]通过对不同级配、不同含水率的粗颗粒土进行密实度试验，发现粗颗粒土的干密度极值随着级配中粗颗粒含量(大于5 mm 颗粒含量)的增加而增大，当粗颗粒含量为 70%时，对应的级配土料干密度极值达到最大；包卫星等[14]通过室内表面振动压实试验发现，天然砂砾干密度随含水量变化会出现峰值和谷值，且当砂砾的含石量为 60%时，最大干密度可以得到最大值；石熊等[15]通过配制 4 种不同级配的土料进行击实试验得到土料的最大干密度随着粗颗粒含量的增加表现出先增大而后减小的趋势。

2. 强度特性

堰塞体料是大小不等、性质不同的颗粒互相充填而成的粒状结构散粒体，颗粒自身强度较高，颗粒之间的黏结力较小，甚至近乎趋于零。决定该土体抗剪强度的主要因素是土颗粒之间的咬合力和摩阻力。关于土的抗剪强度理论有很多，通常认为摩尔-库伦理论比较适用工程问题，摩尔所提出的抗剪强度理论认为材料破坏时是剪切破坏，在破坏面上由函数关系 $\tau_f = f(\sigma)$ 所确定的曲线，一般称其为摩尔破坏包线。

库伦在 1776 年通过试验，总结出土的破坏剪应力 τ 和法向应力 σ 之间呈现线性关系，以此关系建立的强度公式如下：

$$\tau = c + \sigma \tan\varphi \tag{1.1}$$

式中，参数 c 为黏聚力；φ 为内摩擦角。但是经过学者的大量研究表明，在围压较高时，破坏剪应力和法向应力之间并不能一直表现出良好的线性关系，随着应力的增大，土料的抗剪强度逐渐降低，在其强度包线上表现为一条向下微弯曲的曲线。

当下研究中应用较为广泛的是 Duncan 等[16]人提出的非线性强度参数计算公式：

$$\varphi = \varphi_0 - \Delta\varphi \lg(\sigma_3 / P_a) \tag{1.2}$$

$$\tau_f = \sigma \tan\varphi \tag{1.3}$$

式中，φ_0 是围压为一个标准大气压 P_a 下（0.101 MPa）的内摩擦角；$\Delta\varphi$ 是当围压增大 10 倍时内摩擦角的减小量，是反映 φ 随围压增加而降低的常数；σ_3 是小主应力；τ_f 是土体破坏时强度。

影响堆石料抗剪强度性能的因素有很多，母岩的岩性、颗粒破碎[17-18]、堆石料颗粒级配[19]、孔隙比、围压[20-21]、含泥量等都在一定程度上影响着堆石料的抗剪强度参数。郭庆国等[22]通过研究认为，当粗颗粒含量为 60%～70% 时，粗细料之间能够形成最佳组成，堆石料各部分强度能够得到充分发挥，从而得到最大的抗剪强度；董云等[23]用改进的直剪试验仪进行试验发现，由粗颗粒材料所组成填筑体的稳定性和变形特性受剪切面力学性质所控制，其内摩擦角随着剪切面的分形维数呈非线性增长。

3. 变形特性

土的剪胀性是指土体在受到剪切时，其体积变形呈现出增大或者缩小趋势的性质。剪胀性突出表现于堆石料等粒状土中，对堆石料的强度及应力应变特性有非常重要的影响。近年来部分研究表明[24-26]，土体的剪胀性实际是包含有两部分，一部分是土颗粒翻越相邻的颗粒这种不可恢复性的剪胀；另外一部分是可以恢复的剪胀，是指土颗粒将要翻越但是尚未翻越相邻的颗粒，而发生了弹性变形。不同的土质、不同的土的状态、不同的应力条件下，土体即表现出不同的剪胀性。李广信等[27]研究认为，土体所发生的剪胀性其实质是土颗粒从低能量状态向高能量状态转化的过程，是处于不稳定的状态，当荷载接触的时候，很大一部分的剪胀将会恢复，其将卸载时体缩的原因归于可恢复性剪胀。刘萌成等[28]对堆石料进行常规、等应力比和等平均主应力条件下的大型三轴室内试验，发现试样剪胀性随应力比的逐渐增大而呈减弱的趋势。

1.2.2 粗粒土室内试验缩尺方法

材料参数是本构模拟的基础，室内试验则是获取材料参数的基本手段。目前，国内多家科研单位大型三轴试验所允许的最大粒径一般为 60 mm，大连理工大学的超大型三轴试验所允许的最大粒径为 200 mm。土石坝中使用的堆石料最大粒径达到了 1 200 mm。堰塞坝土石料粒径可从小于 0.075 mm 的黏粒到大于 10 000 mm 的巨石，颗粒级配宽泛且变幅非常大。比如，岷江上游支流宗渠沟的两河口堰塞坝，其最大的巨石长径达 17 200 mm，组成颗粒 d_{90} 达 1 700 mm；老虎嘴堰塞坝的组成颗粒 d_{90} 更是达到 1 900 mm。因此，室内试验必然要对宽级配粗粒土的现场级配进行缩尺，然后通过尺寸效应外推法确定粗粒土的原位参数。

我国相关规范[29]建议主要有剔除法、等量替代法、相似法和混合法。国外研究者大都采用相似法[30]；国内研究者则大多采用混合法[23-25]。

1. 剔除法

剔除法的实质是直接将颗粒直径过大的颗粒（超粒径颗粒）剔除，由剩余的小于试验仪器所允许最大粒径的各粒组土颗粒替代，具体计算方法如下：

$$X_i = \frac{X_{0i}}{1 - P_{d\max}} \tag{1.4}$$

式中，X_i 为剔除超粒径颗粒后某粒组含量（%）；X_{0i} 为原级配土料某粒组含量（%）；P_{dmax} 为超粒径颗粒的含量，以小数计。

2. 等量替代法

等量替代法的实质是用颗粒直径小于仪器所允许的最大粒径，且大于 5 mm 的土颗粒，按照比例去等质量替换原级配土料中的超粒径颗粒，具体计算方法如下：

$$X_i = \frac{X_{0i}}{P_5 - P_{d\max}} P_5 \tag{1.5}$$

式中，P_5 为颗粒直径大于 5 mm 的土颗粒占总质量的含量，以小数计。

3. 相似级配法

相似级配法的实质是根据试验所确定原级配曲线的粒径，分别按照几何相似条件，将原级配土颗粒粒径等比例地缩小到仪器所允许的粒径，保持缩尺后的级配与原级配的不均匀系数和曲率系数相同。相似级配法的粒径应按式(1.6)和式(1.7)计算，相似级配法的级配应按式(1.8)计算，具体如下：

$$d_{ni}=\frac{d_{0i}}{n_d} \tag{1.6}$$

$$n_d=\frac{d_{0\max}}{d_{\max}} \tag{1.7}$$

式中，d_{ni} 为原级配土料某粒径缩小之后的粒径(mm)；d_{0i} 为原级配土料某粒径(mm)；n_d 为粒径缩小的倍数(mm)；$d_{0\max}$ 为原级配土料的最大粒径(mm)；$d_{\max}$ 为仪器所允许的最大粒径(mm)。

$$X_{dn}=\frac{X_{d0}}{n_d} \tag{1.8}$$

式中，X_{dn} 为级配缩小 n_d 倍后对应的小于某粒径的含量(%)；X_{d0} 为原级配中相对应的小于某粒径的含量(%)。

4. 混合法

混合法是同时采用等量替代法、相似级配法这两种方法，即先选用适当的比尺对原级配通过相似级配法进行缩尺，使颗粒直径小于 5 mm 土的质量小于土料总质量的 30%，此时如果仍然有超粒径颗粒存在，再选用等量替代法进行缩制，得到最终的试验所用级配。

1.2.3　粗粒土物理力学性质缩尺效应

在对原级配土料进行研究时，一般都是根据规范提供的缩尺方法对原级配土料进行缩尺，然后进行室内试验，以能够近似模拟原级配土料的物理力学特性。但由于缩尺效应的存在，为了能够准确得出原级配土料的力学性能，需要对缩尺方法和缩尺效应进行深入研究。

缩尺效应的研究最早始于 20 世纪 40 年代[30]，迄今为止，国内外已经有众多学者对缩尺效应进行了各方面的研究。室内试验为了更全面准确的研究缩尺效应，大型土工试验仪器的研制非常必要，因此国内外学者前后分别研制了多种大型、超大型三轴压缩仪和大型接触面直剪仪[31-32]。国内较多高校和研究所使用的一般为试样尺寸为直径 300 mm、高度 600 mm，最大粒径 $d_{\max}$ 为 60 mm 的大型三轴仪；大连理工大学则研制了试样尺寸为直径 1 000 mm、高度 2 000 mm，最大粒径 $d_{\max}$200 mm，围压可高达 3.0 MPa 的超大型三轴仪[33]。表1.1整理了国内外开发的各种适用于研究缩尺效应的大型试验仪器[34-36]。

表1.1 国内外研制的大型试验仪器

国家	研制单位	仪器类型	仪器规格
墨西哥	墨西哥大学	大三轴	直径1 130 mm 最大围压2.5 MPa
美国	加利福尼亚大学	大三轴	直径915 mm 最大围压5.25 MPa
日本	—	超大型三轴	直径1 200 m 最大粒径250 mm
中国	水利水电科学研究院	大三轴	直径300 mm 最大围压7 MPa
中国	昆明勘测设计研究院	大三轴	直径700 mm 最大围压1.5 MPa
中国	南京水利科学研究院	大三轴	直径500 mm 最大围压3 MPa
中国	大连理工大学	超大型三轴	直径1 000 mm 最大围压3.0 MPa
中国	长江科学院	直剪仪	长度600 mm,宽度600 mm
中国	南京水利科学研究院	直剪仪	长度500 mm,宽度500 mm 长度500 mm,宽度670 mm

当下对缩尺效应主要从干密度缩尺效应和力学特性缩尺效应两个角度深入分析探究。而具体的研究手段则主要分为两大类,一类是通过室内试验,尽可能选用大型的、不同型号的试验仪器进行研究,由于试验设备的不同,所用土料和缩尺方法的不同,不同的学者所得到的结论不尽相同,甚至得到完全相反的结论[37-38],这给当下缩尺效应的研究无疑又增加了一定的难度。另一类则是借助计算机通过数值模拟手段,进行各种不同的数值试验,该方法可以突破仪器尺寸的限制等从微观方面更全面地分析缩尺效应。

1. 干密度

土体的密实度在各项工程建设中起着非常重要的作用,是影响工程建设安全的重要因素,必须考虑密实度对土体工程特性的影响。目前相关研究表明[39],孔隙比是影响堆石料强度参数的第二影响因素,仅次于围压;而在变形参数的影响因素中最重要的是孔隙比。因此,土料的密实度对其自身力学性质的影响是不可忽略的。当下对各坝体材料进行室内研究时,均需要通过缩尺以达到室内试验的要求，这一做法使得级配发生改变，那么必定会导致试验土料的密实度出现差异，不少学者对该问题进行了探究。

李凤鸣、卞富宗[38]针对同一岩性最大粒径为 500 mm 的原位粗粒料，采用相似级配法将其缩制后进行室内干容重试验，发现干容重极值随着土颗粒按相似比的降低而减小；翁厚洋[39]等分别对某坝体粗粒料用 4 种缩尺方法进行缩制，然后进行相对密度试验，得出干密度极值与最大粒径之间呈正比例关系，并且在同一最大粒径下，等量替代法得到的干密度极值最小，相似级配法得到的极值最大。另外，史彦文[40]、田树玉[41]、武利强[42]、朱晟[43]、冯冠庆和杨荫华[44]等也对不同方法缩尺后对堆石料的干密度极值进行了研究，均得出了一致的结论：相同土料相同缩尺方法下，最大、最小干密度与最大粒径之间均呈正相关的关系。

郭庆国和刘贞草[45]通过对比大量试验资料，发现相同地区、相同类型的粗颗粒土，在各对应点时的最大、最小干密度之间的差值基本相等，基于此规律，通过在室内对缩制后的土料进行最大、最小干密度试验，提出了一种可确定出原级配超粒径粗粒土最大干密度的方法，并对该方法的适用性进行了验证；朱俊高等[46]通过将原级配粗粒料缩制成最大颗粒粒径为 10 mm、20 mm、40 mm、60 mm 的替代级配料后，分别进行相对密实度试验，基于试验结果把干密度与级配之间的关系归一化，提出了干密度与不均匀系数 C_u、曲率系数 C_c 和最大粒径 $d_{\max}$ 之间的关系式，根据此关系式不需进行原位试验，仅通过室内试验就可以方便地推求原级配料的干密度极值。褚福永等[47]同样通过对缩尺后的试验土料进行干密度极值试验，结合分形理论，拟合了干密度最大值与原级配分形维数、小于 5 mm 颗粒含量以及最大粒径的关系，提出了一种可推求原级配土料最大干密度的方法。

吴二鲁等[48]通过对大量最大粒径为 60 mm、40 mm、20 mm 的试验级配土料，分别进行振动压实试验，分析结果认为粗粒料的压实密度和最大粒径、级配结构之间能够用函数来定量表述，基于此建立了一个粗粒料压实密度极值的预测模型，该模型很好地将缩尺效应的影响考虑在内，并用多组试验数据验证了该预测模型的适用性。赵娜等[49]通过引入分形理论进行粗粒料缩尺效应探究，经过研究发现，粒径分形维数能够综合量化反映级配变化，能够准确反映不同缩尺方法所得的试验所用级配，基于此提出了最大干密度与颗粒粒径分型维数之间的归一化方程，从而实现通过室内试验即可推求原级配的干密度极值。朱晟等[43]利用 PFC2D 软件，采用混合法进行缩尺后进行最大干密度数值试验，探究缩尺效应对粗粒料的孔隙率、相对密度的影响规律。研究发现，粗粒料密实度的缩尺效应主要原因是缩尺后颗粒级配和颗粒形状的变动所引起的颗粒间接触配位数的差异，且根据缩尺后室内干密度极值试验结果推求原级配土料的干密度极值误差较大，不宜采取。

朱晟等[50]根据室内试验认为，在级配方程符合分型分布时，试样的干密度极值随着级配粒径分形维数的增大均表现出先增大后减小，其认为出现拐点时填充效果最优，此时对应粒径分形维数为2.58。孙卫江等[51]通过室内相对密度试验与现场试验的对比发现粗颗粒含量在70%时室内试验的最大干密度达到峰值，而现场试验的峰值则是在粗颗粒含量为80%时出现，并且现场碾压试验的最大干密度普遍大于室内试验结果，如图1.1所示。朱晟、张露澄[52]用大石峡堆石料进行室内干密度极值试验，发现随着粒径小于5 mm颗粒含量的增加，试验土料的干密度极值在细颗粒含量为35%时达最大值，而后逐渐变小。

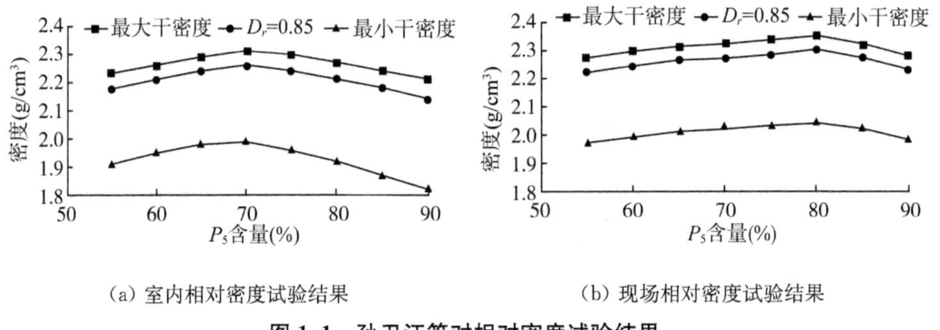

(a) 室内相对密度试验结果　　(b) 现场相对密度试验结果

图1.1　孙卫江等对相对密度试验结果

2. 强度变形特性

随着发展的需要，已有较多学者集中于室内三轴试验或者数值试验对粗粒料力学特性缩尺效应进行研究，可以大致归结为三类，即试样的尺寸、颗粒粒径对粗粒料强度变形的影响以及对缩尺效应影响因素的探究。

(1) 试样的尺寸对强度、变形的影响。Marsal[53]对堆石坝料进行大三轴试验，结果表明，当保持径径比相同试样直径大于300 mm时，室内试验所得试验土料的抗剪强度与原级配堆石坝料结果近似；Hall及Gordon[54]通过试验得到小尺寸试样对轴向应变、体积应变和弹性模量影响较大，但是对内摩擦角影响较小；王继庄[55]通过对原级配土料缩制后进行不同试样尺寸(最大粒径为仪器所允许最大粒径)的三轴试验，发现粗颗粒料的试样尺寸效应是影响体积应变的重要因素，试样直径为100 mm的砂砾料在测得的体积应变比相同应力条件下，直径为300 mm时的试样所测体变偏大约50%，当试样直径越小，通过室内试验测得的体积应变越大。

孔宪京等[56]对某爆破堆石料开展了超大型（直径1 000 mm）和常规（直径300 mm）大型三轴固结排水剪试验，研究发现，常规大型三轴试验的相变应力比、峰值内摩擦角均比超大型三轴试验所得的数值大，但是超大型三轴试验的颗粒破碎率明显大于大三轴试验，且大型三轴试验所得的割线体积模量$K_{0.5}$、割线弹性模量$E_{0.5}$分别为超大型三轴试验的1.7～1.8倍和1.5～1.7倍。刘赛朝等[57]采用大型三轴和超大型三轴仪器系统研究缩尺效应，发现超大型三轴的峰值应力和内摩擦角均小于大型三轴。宁凡伟等[58]选用某砂砾料与某爆破料通过超大型三轴仪（直径800 mm）和传统大型三轴仪（直径300 mm）进行了三轴剪切试验，根据试验结果发现，两种土料表现在邓肯-张模型参数上的缩尺规律完全相反，前者土料超大型三轴试验的模型参数k、k_b约为大型三轴试验的1.3～1.4倍；而后者土料大型三轴试验的模型参数k、k_b约为超大型三轴试验的1.2～1.4倍。

（2）颗粒粒径对强度、变形的影响。郦能惠等[59]用相似级配法对小浪底坝的过渡料进行缩制，通过控制相同的压实功制样后进行试验对比，发现试验土料的最大粒径d_{max}对粗粒料的强度变形特性和本构模型参数均匀影响，基于此提出了考虑缩尺效应的强度指标、本构模型参数、变形特性指标的修正系数。凌华等[60]在超大型（直径500 mm）和大型（直径300 mm）三轴试验仪上，对堆石料的强度缩尺效应进行研究，结果表明随着最大粒径d_{max}的增大，c、φ_0、$\Delta\varphi$逐渐增大，φ逐渐减小。武利强等[42]整理前人的研究成果，认为进行室内试验当制样时控制干密度相同，试验土料的变形模量和抗剪强度均随着最大粒径的增大而逐渐减小；当制样时控制相对密度相同，缩尺后的规律并不统一，需要更加深入研究。

马刚等[61]在分别控制孔隙率和相对密度相同的情况下进行数值试验，对比研究发现，堆石料初始切线模量的缩尺效应与制样密实度控制标准无关，初始切线模量均随着最大粒径d_{max}的增大而变大，其认为堆石料强度的缩尺效应是颗粒破碎、颗粒剪胀和颗粒重新排列3种因素的综合影响，3种因素是互相转化和影响的。武利强等[62]用同一分形维数、相同的相对密度分别控制级配和制样标准，在GCTS大型三轴仪上进行剪切试验，发现堆石料的初始切线模量、体积模量、内摩擦角均随着d_{max}的增大而变大，但是与变形模量对比，堆石料抗剪强度的缩尺效应较小。王永明等[63]利用 PFC^{2D} 软件，对使用混合法进行缩尺后的级配进行了数组数值试验，得到了类似的结论。李响等[64]运用连续-离散耦合分析方法进行数值模拟试验，结果表明，在同一强度缩尺效应参数下，峰值内摩擦角随 d_{max} 的增大而减小，但破坏点的体积应变却表现出相反趋势；在同一尺寸试验下，峰值内摩擦角随强度缩尺效应参数减小而减小，体变随参数的减小而变大。孟敏强等[65]利用 PFC^{3D} 软件对泥岩和砂岩两种粗粒土单颗粒的破碎过程进行数值分析，对比发现，在单颗粒破碎中存在明显的尺寸效应。随着土颗粒粒径 d_{max} 的增大，单颗粒砂岩和泥岩的破碎强度均逐渐减小，当颗粒粒径 d_{max} 为 10 mm 时砂岩和泥岩的破碎强度比 d_{max} 为 2.5 mm 时分别降低了 73％和 69％。

（3）缩尺效应影响因素研究。傅华等[66]通过对现场级配曲线用等量替代法和混合法（$n=2$、4、7、10 时）缩尺得到的不同试验模拟级配进行力学、密度和渗流特性对比试验，结果显示土料级配的变化造成了力学、密度和渗流特性相应出现改变。其中随着粒径小于 5 mm 颗粒含量的增加，模型参数 k、k_b 呈规律性增大；等量替代法缩尺后的力学特性最差，渗透系数最大，渗透系数随着粒径小于 5 mm 颗粒含量增加而逐渐减小。凌华等[60]等认为颗粒破碎是影响强度指标随最大粒径变化的主要因素，基于此建立了可以外推原级配堆石料强度指标的经验公式。

Xiao Yang 等[67]对塔城水库土料进行大三轴试验，同时研究了围压、密度、颗粒破碎对强度变形的影响，发现围压或者初始孔隙比越大内摩擦角越小，当颗粒破碎率较大的时候，峰值内摩擦角越小，体变更大。李小梅等[68]设计了 4 个级配 4 种相对密实度进行大型三轴固结排水剪切试验，探究了级配、密度和应力状态对缩尺后土料的强度变形特性影响，发现级配的影响因素最为重要，并且在同一相对密实度和围压下，不同级配的强度包络线呈幂函数关系。赵婷婷等[69]基于颗粒流方法进行了 6 组双轴压缩数值试验，整理试验结果发现，等量替代法对原级配扰动比较大，除等量替代法外的缩尺方法得到的力学指标均与分维数 D 呈很好的线性关系；堆石料力学性质的改变从细观方面可以解释为，随着 M 的增大配位数也随之变大，颗粒之间的法向接触力及切向接触力则不断减小。谢定松等[70]通过对缩尺后土料进行渗透试验发现，为了确保缩尺后所求得的渗透系数接近于原级配渗透系数，使用等量替代法进行缩尺时最多只可以代替 60％的粗颗粒，而且要保证至少 40％细颗粒的粒径不变化。

除以上分类以外，徐琨[71]、杨少博[72]、周泳峰等[73]重点探究了缩尺效应对堆石料颗粒破碎特性的影响；马捷等[74]以灰岩质填料为研究对象探究了粗粒填料蠕变所存在的缩尺效应；卢一为等[75]基于大型旁压试验和三轴试验，提出了一个确定堆石料室内物理试验等效密度的方法；汪居刚等[76]探究了不同缩尺方法及不同的颗粒最大粒径，对粗颗粒料湿化变形的影响；另有国内外众多学者[77-84]采用不同的方法对缩尺效应进行了探究，但是针对缩尺效应目前尚未得出完全统一的解释。

1.2.4 粗粒土状态相关剪胀理论与本构模型

由剪切引起的土体体积变化的特征通常被称为剪胀，剪胀性是土体的基本力学特征，也被认为是土体区别于其他材料的本质特征，因此，研究土体的变形特性与本构模型，剪胀性是核心问题之一。经典剪胀理论表示的是塑性应变增量比与应力比为 $\eta=q/p$ 之间的关系，典型的剪胀方程来自剑桥模型[85]：

$$\frac{\mathrm{d}\varepsilon_v^p}{\mathrm{d}\varepsilon_s^p}=d_g=M_c-\eta \tag{1.9}$$

式中，$d_g=\mathrm{d}\varepsilon_v^p/\mathrm{d}\varepsilon_s^p$ 为塑性应变增量比，又称剪胀比；p、q 分别为平均正应力和广义剪应力；M_c 为临界状态应力比；η 为应力比；ε_v^p 与 $\mathrm{d}\varepsilon_v^p$ 、ε_s^p 与 $\mathrm{d}\varepsilon_s^p$ 分别为塑性体积应变及增量、塑性剪应变及增量。

很多经典的剪胀方程和剪胀模型都是基于经典应力剪胀理论，揭示的是土体剪胀性与应力水平的关系，比如著名的剑桥模型。剑桥模型描述的是正常固结黏土的应力变形特性，由于正常固结黏土应力水平与土体孔隙比之间存在一一对应的关系，因此，式(1.9)实际上隐含了剪胀与孔隙比的相关性。但是，砂土、堆石料等散粒材料初始孔隙比不同，在相同应力水平下达到的孔隙比可能也不同[86-87]。由于经典应力剪胀理论忽视了孔隙比的影响，使得该理论对散粒材料的适用性较差。

为了解决这一难题，国内外学者在经典应力剪胀理论的基础上，构建了状态相关剪胀理论，该理论能够同时描述土体应力水平、孔隙比这两个状态量对剪胀性的影响[86-88]。如何描述土体当前所处的状态，状态相关理论中通常是以临界状态线作为参考线，在此基础上通过当前状态与稳定状态的差异定义一个状态参量，然后将状态参量引入强度准则、剪胀方程、硬化规律，并同时反映孔隙比和应力水平的影响，弥补了传统模型存在的缺陷。不少学者提出了关于砂土、堆石料等材料的状态相关剪胀方程和本构模型，其中，最具代表性的剪胀方程为[86]：

$$\frac{d\varepsilon_v^p}{d\varepsilon_s^p}=d_0\left(e^{m_0\psi}-\frac{\eta}{M_c}\right) \tag{1.10}$$

式中，d_0 和 m_0 为参量参数；ψ 为状态参量。

粗粒土中既有人工设计固定级配和密度的筑坝材料，也有由滑坡生成的堰塞坝材料。其中，堰塞坝材料是由土石料随机堆积而成，其材料性质受到应力水平、孔隙比和颗粒级配的影响，表现出显著的状态相关性，采用状态相关理论来揭示其剪胀特性、构建本构模型无疑是最佳选择。但是，这种选择还存在如下亟须解决的问题：筑坝土石料由于是人工设计土石料，初始级配是确定的，因此级配这一状态量的作用在经典状态相关理论中被忽视，只考虑了应力水平、孔隙比这两个状态量。堰塞坝材料由于是滑坡生成，级配具有很大的随机性，不同部位的级配差异显著，级配必须也作为状态量，但是相关的理论研究几乎是空白。

土体本构是数值模拟的基石。目前，国内应用最成熟的本构模型主要有邓肯-张非线性弹性模型、"南水"弹塑性模型，以及其他一些弹塑性本构模型。上述模型均为确定性方法，仅从数学角度解释了表观现象，未考虑材料空间变异性的影响。近年来，人们逐渐认识到堰塞坝等水利、岩土工程中存在大量材料参数不确定的问题。Xu[89]采用离散元法(DEM)对滑坡堰塞坝中土石混合体的力学行为进行了研究，Calamak[90]采用随机参数法对土质边坡稳定性进行了分析，刘鑫[91]采用随机极限平衡-物质点法分析了考虑土体参数空间变异性的边坡大变形破坏模式，朱晟[92]建立了广义塑性模型参数与级配分形维数 D 之间的函数关系，并结合 D 的空间概率分布函数，采用有限元法对某土石坝的应力变形进行了计算。

可见，考虑材料空间变异性的岩土数值分析，目前主要应用于边坡的稳定性分析，对于堰塞坝、土石坝的应力变形计算还极少，主要原因之一在于，稳定性分析只涉及强度参数 c、φ 值的空间变异性，而应力变形分析则涉及大量的模型参数，操作难度极大。事实上，岩土体材料的空间变异特性，从宏观层面来讲，表现在强度、变形、渗透等性质的空间变异性，但本源是级配和孔隙比的空间不均匀性。在经典状态相关理论(应力水平、孔隙比)基础上[86]，扩展考虑级配的状态相关理论,建立考虑级配、孔隙比和应力水平的状态相关理论,是粗粒土工程性态演化精细化模拟的发展趋势。

1.3　发展动态

粗粒土的力学性质受到多种因素的影响,关于粗粒土的力学性质,人们在颗粒破碎规律、临界状态、剪胀特性、流变规律及缩尺效应等方面已有了较深的认识,但是在一些热点问题上依然存在分歧,比如缩尺效应的影响、临界状态的描述等,目前尚未形成统一认识,甚至意见相左。在系统地、定量地揭示粗粒土力学性质宏观规律与微观机理方面,还有较多的工作亟须开展。

随着各类大型及超大型室内试验仪器投入使用,室内试验可测试粒径增大,降低了缩尺比例,使得测试结果更接近原级配土体,为系统研究缩尺效应提供了硬件支撑。粗粒土的临界状态受到颗粒破碎的显著影响,而颗粒破碎与应力状态、初始级配、初始孔隙比等因素有关,这些因素的差异是否是导致不同研究人员对临界状态应力比、临界状态方程提出不同表述的原因,目前的研究还远不充分。

粗粒土的缩尺效应主要研究的是颗粒尺寸的变化对力学性质的影响,而颗粒尺寸的变化本质上还是级配的变化;粗粒土的临界状态目前主要研究的是应力水平和孔隙比的变化对力学性质的影响,如前所述,将级配作为状态量引入到经典的状态相关理论之中,建立考虑级配、孔隙比和应力水平的状态相关理论是当前的发展趋势。因此,研究考虑粗粒土级配影响的临界状态,可以定量揭示级配对粗粒土力学性质的影响,进而为解释粗粒土的缩尺效应提供新的思路。

第2章 粗粒土缩尺效应研究试验方案

2.1 引言

直接进行原位试验是对粗粒土物理力学特性进行全面分析的最佳方案，但是目前由于试验技术和仪器设备的限制，并不能对原位堆石料等粗粒土进行原位试验。当下的技术手段只能将原级配土料经过一定的缩尺方法进行缩尺后得到试验级配土料，在室内展开试验进行研究。但是试验级配土料与原级配土料之间的力学性质是存在差异的，即缩尺效应。

缩尺效应一般分为干密度缩尺效应和力学特性缩尺效应。干密度缩尺效应主要探究的是试验级配土料的干密度极值，也就是最大、最小干密度随缩尺后最大粒径 d_{max} 的变化规律。为了对粗粒土的密实度、力学特性缩尺效应进行进一步的研究，本章首先对粗粒土室内试验缩尺效应研究中使用到的试验仪器以及操作进行了介绍，并针对研究内容列出了具体的试验方案。

2.2 相对密度试验仪器

对于通过 0.075 mm 标准筛干颗粒质量的百分数小于 15%的无黏性可自由排水的粗粒土、巨粒土，通常选用表面振动压实仪法或者振动台法进行击实，装土料时又细分为湿土法和干土法两种。湿土法主要是对烘干或者风干土料加足量的水，或者直接采用现场的湿土料进行，试样在整个击实的过程中基本保持始终饱和状态。干土法即直接采用风干土料进行试验。

本书进行的最大干密度比选试验使用的是表面振动压实仪法，装填土料时使用的是干土法。该试验设备主要由振动器(附带钢质夯)、试筒、套筒、台秤、电动葫芦、标准筛等组成，如图 2.1 所示。

振动器功率为 0.75～2.2 kW，振动频率为 30～50 Hz，激振力为 10～80 kN；将钢制夯固定在振动电机上，厚度为 30 mm，夯板的直径略小于试筒内径约 5 mm，夯板与振动电机的总重在试样表面可产生大于 18 kPa 的静压力。试样筒的地板固定在混凝土基础上。套筒的内径与试样筒高度相配套，

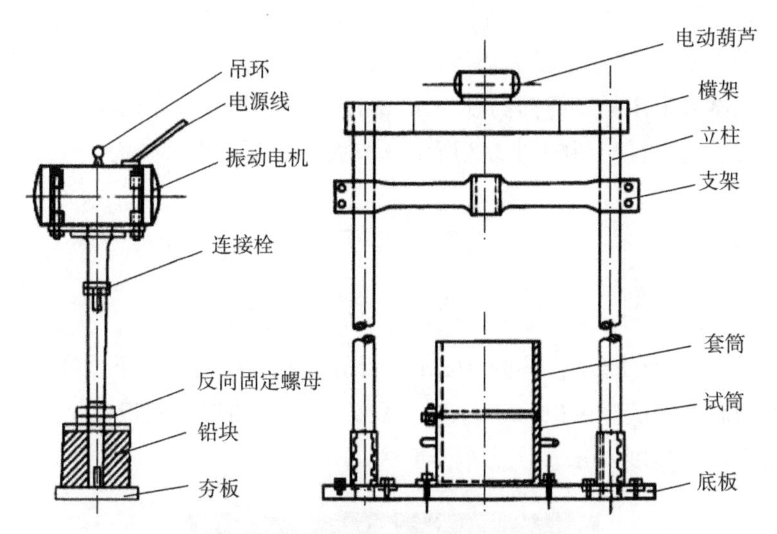

图 2.1　表面振动压实仪试验装置图

且固定后与试样筒的内壁成直线连接。下面对进行最大干密度试验时的主要操作步骤作详细说明：

(1) 按照试验土料的颗粒级配组成用台秤称量各粒组风干土料，配置成两组每组质量为 20 kg 的试验土料。将每组的风干试验土料倒进大铁盘中，充分搅拌均匀备用，以尽可能减小粗细颗粒之间分离程度。

(2) 用小铲子将第一组试验土料慢慢地填进试样筒中，在这个过程中要不断地搅拌大铁盘中还未填进去的土料，使其始终保持均匀，因为试验所选用的土料粗颗粒含量都比较多，细颗粒很容易堆积在底层，从而避免试验土料有较大的颗粒分离度；将第一组土料全部装填进试样筒之后，将试样的表面抹平，用橡皮锤敲击数次试样筒壁，使试验土料下沉。

(3) 将试样筒固定在底板上，装上套筒，使其与试样筒壁固定紧密。

(4) 用电葫芦放下振动器，振动试样时间控制在 8 min。注意振动过程中要尽量保持试样的表面水平，减小最终的测量误差。

(5) 重复上面的步骤将第二组试验土料装进试样筒，并进行击实。

(6) 用钢尺放置于试样筒的直径位置上，测量振动完成后试样筒顶端到试样表面的高度，读数时应该从距离筒壁至少 15 mm 的试样表面进行测量，并精确到 0.5 mm，记录后计算出试样击实后的高度 H、试样横截面面积 A_c，即可得出对应试验土料的最大干密度。

(7) 重复(1)～(6)步骤，进行一组对比试验，以其平均值作为试验土料的最终最大干密度，以减小试验离散性所带来的误差。

本次试验采用的试样筒高度为 40 cm，内径为 30 cm，体积为 28 260 cm^3。振动击实后的试样土料如图 2.2 所示。最大干密度计算公式为：

$$\rho_{d\max}=\frac{M_d}{V} \tag{2.1}$$

$$V=A_cH \tag{2.2}$$

式中，$\rho_{d\max}$ 为最大干密度(g/cm^3)，计算至 0.001；M_d 为干试样质量(g)；V 为振击后密实试样体积(cm^3)；A_c 为标定的试样筒横断面积(cm^2)；H 为振击后密实试样高度(cm)。

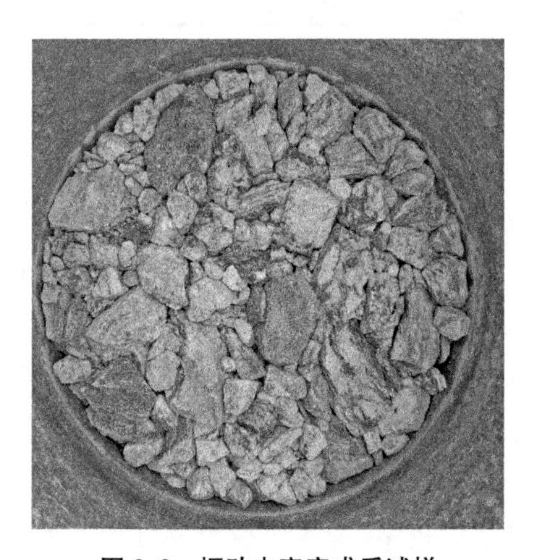

图 2.2　振动击实完成后试样

测定缩尺后试验级配土料的最小干密度 $\rho_{d\min}$ 时采用固定体积法，用试样勺将土样填入体积为 5 650 cm^3 的试样筒内。具体操作步骤如下：

(1) 装填之前要先将土料在土料盘中搅拌均匀，试样勺要保持贴近筒内土面，使勺中的土料慢慢滑入筒内，因为堆石料本次用料粗细含量极不均匀，粗颗粒含量比较多，因此在每次从大铁盘中用试样勺挖取土料时，同样需要重新搅拌一下使其更加均匀。

(2) 持续往试样铁筒中添加土料，直到填土的高度超出筒顶，但是余土的高度不宜超过 25 mm；然后用工具将筒面的土料整平，注意整平时应该尽量减少对试样的扰动，不施加竖向的力。当有较大的颗粒在表面露出时，在试样筒顶凸出的体积，应该能够近似地与试样筒顶平面以下的凹隙体积相互抵消。

(3) 最后称试样筒及试样的总质量，即可得出一次试验的最小干密度值。

最小干密度的测定按照上述的操作步骤进行两次平行试验，取3次试验的算术平均值，其允许的最大平行差值为±0.03 g/cm³。最小干密度值按下式计算：

$$\rho_{d\min}=\frac{M_{土+桶}-M_{桶}}{V_{桶}} \tag{2.3}$$

最后相对密度 D_r 按照下列公式计算：

$$D_r=\frac{(\rho_{d0}-\rho_{d\min})\rho_{d\max}}{(\rho_{d\max}-\rho_{d\min})\rho_{d0}} \tag{2.4}$$

$$D_r=\frac{e_{\max}-e_0}{e_{\max}-e_{\min}} \tag{2.5}$$

式中，ρ_{d0} 为天然状态或人工填筑之干密度(g/cm³)；e_0 为天然或者填筑孔隙比。

2.3 三轴剪切试验仪器

2.3.1 大型三轴剪切试验仪器

本次涉及的大型三轴试验在LSW-1000型大型三轴剪切试验仪上进行。该试验仪主要由主机(轴向加载框架)、双层压力室、轴向荷载加载装置、围压控制装置、液压油源、计算机采集控制系统等组成。

试验仪器主要技术参数：

(1) 最大轴向荷载：1 000 kN；

(2) 轴向荷载范围：2%～100%；

(3) 荷载分辨率：1/120 000；

(4) 轴向变形测量范围：0～150 mm；

(5) 变形测量的分辨率：0.01 mm；

(6) 围压控制测量范围：0～3 MPa；

(7) 变形速度控制区间：0.5～3.0 mm；

(8) 轴向荷载速度范围：2～10 kN；

(9) 最长工作时间:500 h。

该试验仪的主机油缸在最下面放置、采用四柱加载框架,框架系统的刚度较高。控制系统则采用德国 DOLI 全数字型伺服控制器,具有保护功能全、控制精度高、可靠性扩展性强等特点。计算机控制测量系统能够实时显示测量参数及试验曲线,并且根据目标试验要求,由计算机控制端发出指令,自主控制轴向荷载加载系统和围压控制系统施加轴力和围压,经过各传感器进行反馈,从而实现对试验过程的监测控制。本次所用试验仪器如图 2.3 所示。

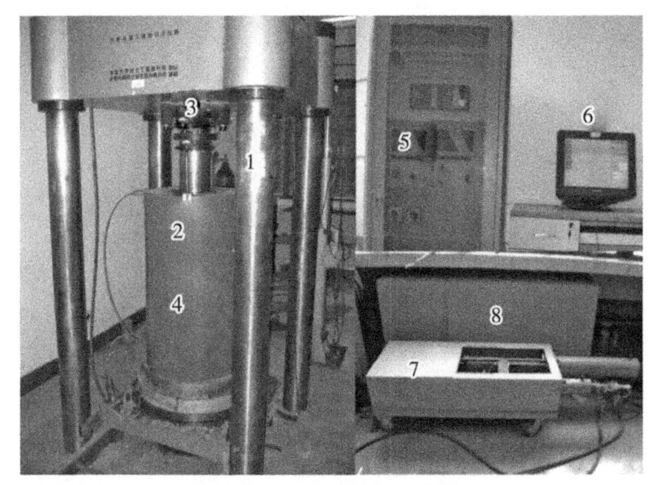

1—四柱加载框架;2—位移传感器;3—轴力传感器;4—双层压力室;5—主机控制系统;6—数据采集系统;7—围压控制装置;8—轴力加载装置。

图 2.3 大型三轴剪切试验仪器图

2.3.2 中型三轴剪切试验仪器

本试验所用的仪器设备为 SJ-60 型应变控制式中型三轴剪切仪,如图 2.4 所示,其由轴向加载系统、周围压力控制系统、压力室、孔隙水压力量测系统、数据测量与采集系统 5 部分组成。各系统详细介绍如下:

(1) 轴向加载系统:通过三轴剪切仪底座的竖向移动来完成剪切过程中轴向荷载的施加,底座轴向移动的速率可利用变速电机按照设置的恒定速率实现等应变加荷。

(2) 周围压力控制系统:中三轴是液压系统维持试验时需要的围压,加压采用南京土壤仪器厂所生产的围压控制器,该控制器通过向围压室内部注水达到加压的效果,最大的压力值可达到 2 MPa。

1—压力室；2—围压控制器；3—轴向加载系统；4—数据采集系统。

图 2.4　中型三轴剪切试验仪器图

(3) 压力室：将安装好的试样按照要求放在压力室内，可以由压力室内部的水压给试样施加周围压力；压力室由金属罩和金属底座所组成(普通有机玻璃罩仅可承受 1.5 MPa 围压)，在金属底座上有 3 个出水口，依次为上部出水口(连接试样的上端，主要的功能是量测试样体积的变化与饱和试样)、底部出水口(连接试样的底部，主要的功能是饱和试样与排除压力室中的水)以及加压口(和围压控制器相连接，主要的功能是对试样施加周围压力)。金属罩和金属底座中间采用橡胶垫圈密封，同时用螺栓加固连接口。在金属罩的上端有可以自由滑动的加压杆和可以自主密闭的注水口。

(4) 孔隙水压力量测系统：本书试样并未涉及测量孔隙水压力。

(5) 数据测量与采集系统：通过体变传感器、轴力传感器、轴向位移传感器和量力环进行体变、轴力、轴向变形的测量，经由数据采集盒将采集到的数据转换成电信号发送给计算机采集系统，再由计算机将收到的电信号值转译为对应的数值。

关于 SJ-60 型应变控制式中型三轴剪切仪，该仪器主要技术参数如下：

(1) 试样尺寸：直径 101 mm，高度 200 mm；

(2) 荷载：60 kN；

(3) 轴向行程：0～90 mm；

(4) 应变速率：0～4.500 mm/min；

(5) 剪切速率：0.001 mm/min～4.800 mm/min；

(6) 围压显示范围:0～2 MPa 液晶显示;

(7) 孔隙压力:0～2.0 MPa;

(8) 反压:0～1.000 MPa;

(9) 体变管量程范围:0～200 mL(精确到 0.1 mL);

(10) 设备重量:240 kg(包含设备主机、传感器等测量设备);

(11) 电源:220 V±10% 50 Hz;

(12) 功率:小于 800 W。

附属设备包括击实器、承膜筒等,另有天平(称量 5 000 g,分度值 1 g)、负荷传感器(轴向力最大允许误差为±1%)、位移传感器(量程 30 mm,分度值为 0.01 mm)、橡皮膜(厚度为 1 mm)和透水板(直径为 101 mm,渗透系数大于试样的渗透系数,使用前在水中煮沸并泡于水中)。

本书进行的中型三轴固结排水剪试验所用的 SJ-60 型应变控制式中型三轴剪切仪,外加电脑程序连接数据采集系统。电脑程序采用的是由 Visual Basic 语言编写的 K_0 固结加压和数据采集程序,该程序可以实现在试样上实时采集体积变形、轴向压力、轴向位移等试验所测数据,并且能够在计算机内实时显示采集数据,以供试验人员在试验过程中监测试样进程,提高试验效率和安全性。本书进行的试验采用应变控制,试样的加载速率利用调速电机控制,可以实现按指定的速率进行加载;试验压力室中的围压由南京土壤仪器厂生产的水压围压控制器提供,最高能够提供 2 MPa 的围压;试验中通过百分表、体变管和量力环来测量剪切过程中的轴向位移、排水量和轴向荷载。K_0 固结加压控制界面和数据采集程序控制界面如图 2.5 所示。

2.4 试验土料

本书试验所用的土料选用某堰塞坝堆石料。土体颗粒棱角较为明显,呈灰白状,见图 2.6。该粗粒土粒径分布较广,最大粒径可达 8 450 mm,最小粒径为 0.1 cm 以下,原粗粒土的设计级配曲线如图 2.7 所示。

本书试验拟采用等量替代法、剔除法、混合法对堆石料原级配曲线进行缩尺。混合法是先采用合适的比尺通过相似级配法进行缩尺,控制小于 5 mm 颗粒含量(P_5)不大于 30%,然后再用等量替代法进行缩尺得到最终试验级配。为更全面地探究缩尺效应,在此用混合法缩尺时采用不同的比尺,得到 P_5 含量分别为 15%、21%、26%的 3 种试验级配料。其中采用等量替代法和剔除法对原级配粗粒土缩尺后的最大粒径 d_{max} 分别为 60 mm、40 mm、

20 mm，其中等量替代法缩尺后的试验级配料编号为 DT_{60}、DT_{40}、DT_{20}，剔除法编号类似；混合法缩尺得到的试验级配料中缩尺后 P_5 含量等于 21%这一

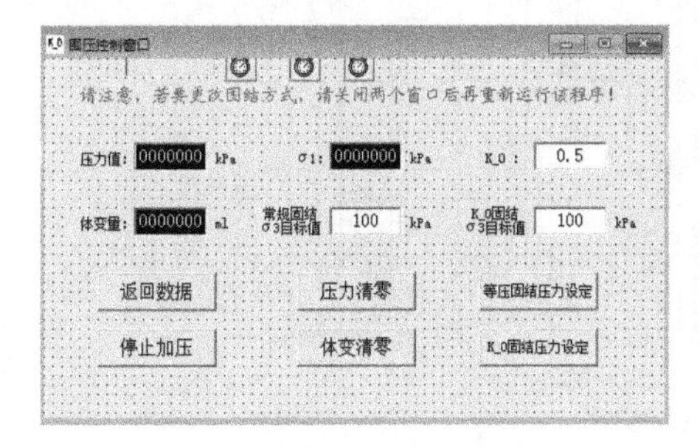

(a) 围压控制界面

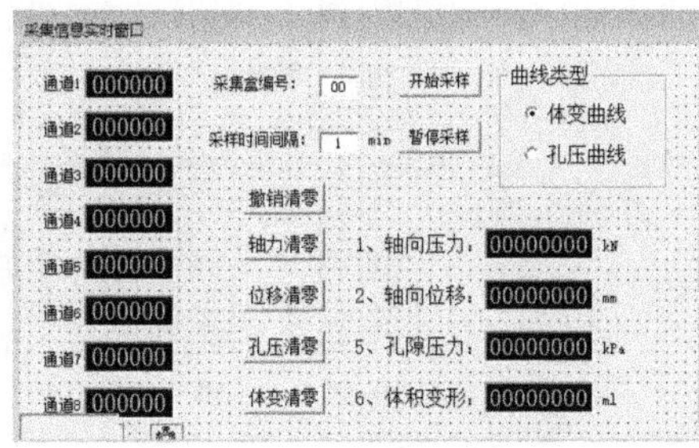

(b) 数据采集界面

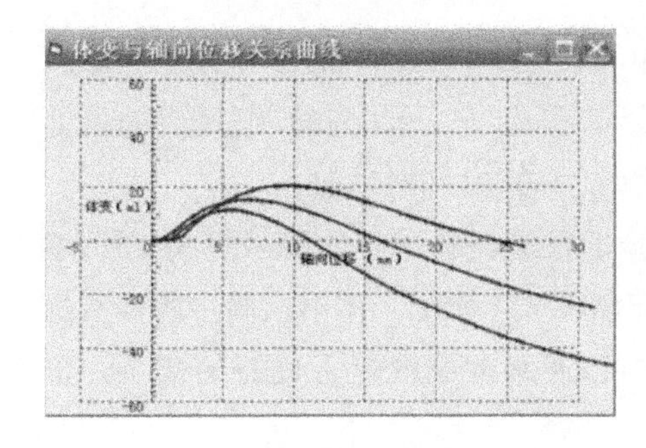

(c) 体变-轴向位移曲线

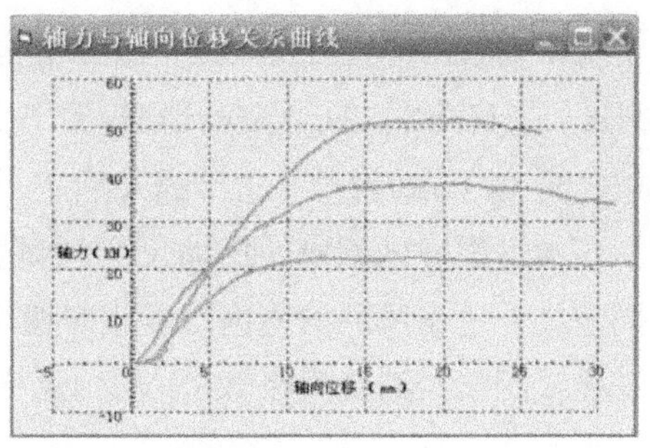

(d) 轴力-轴向位移曲线

图 2.5　K_0 固结加压控制界面和数据采集程序控制界面

图 2.6　试验所用土料

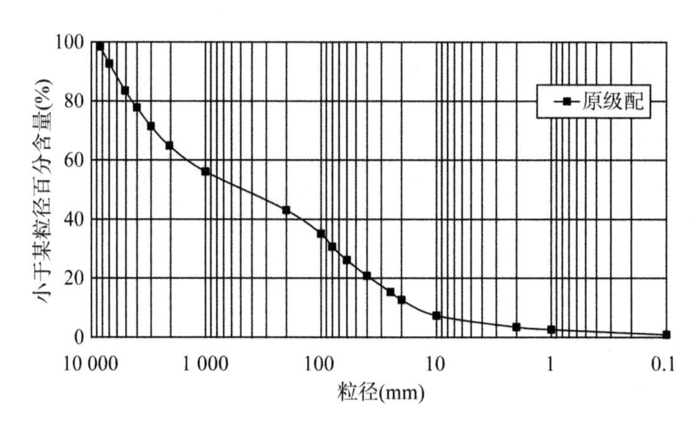

图 2.7 试验用料原级配曲线

情况下，将最大粒径缩尺到 60 mm、40 mm、20 mm，将其编号为 $HH_{21\text{-}60}$、$HH_{21\text{-}40}$、$HH_{21\text{-}20}$，其余两种情况，即 $P_5=15\%$和 $P_5=26\%$时，缩尺后的最大粒径为 60 mm，编号方法与缩尺后 P_5 含量等于 21%时类似。

本书进行试验所使用缩尺后的试验土料级配和试样的编号见表 2.1，不同缩尺方法缩尺后的室内试验土料级配如表 2.1 所示。本书试验中所涉及的试验级配土料的曲率系数、不均匀系数，以及级配曲线是否良好的初步评价见表 2.2。

表 2.1 室内试验土料级配

试样编号	各粒组含量(%)						
	60～40	40～20	20～10	10～5	5～2	2～1	<1
DT_{60}	24.54	37.42	24.49	7.95	2.15	0.86	2.58
DT_{40}	—	50.56	33.10	10.74	2.15	0.86	2.58
DT_{20}	—	—	71.27	23.13	2.15	0.86	2.58
TC_{60}	20.41	31.12	20.37	6.61	8.26	3.31	9.92
TC_{40}	—	39.10	25.59	8.31	10.38	4.15	12.46
TC_{20}	—	—	42.03	13.64	17.05	6.82	20.46
$HH_{15\text{-}60}$	8.82	21.77	31.77	22.35	7.97	1.72	5.60
$HH_{21\text{-}60}$	6.67	17.91	27.17	27.51	10.28	3.68	6.78
$HH_{21\text{-}40}$	—	19.56	29.67	30.03	10.28	3.68	6.78

续表

试样编号	各粒组含量(%)						
	60～40	40～20	20～10	10～5	5～2	2～1	<1
$HH_{21\text{-}20}$	—	—	39.39	39.87	10.28	3.68	6.78
$HH_{26\text{-}60}$	10.02	13.73	18.84	31.39	11.55	6.27	8.20

表2.2　试验级配土料评价指标

试样编号	d_{10}	d_{30}	d_{60}	C_c	C_u	级配情况
DT_{60}	8.0	17.0	30.3	1.19	3.79	级配不良
DT_{40}	7.4	12.5	22.0	0.96	2.97	级配不良
DT_{20}	6.2	10.2	12.2	1.38	1.97	级配不良
TC_{60}	1.0	12.0	27.0	5.33	27.00	级配不良
TC_{40}	0.7	7.0	20.0	3.50	28.57	级配不良
TC_{20}	0.3	2.4	10.5	1.83	35.00	级配良好
$HH_{15\text{-}60}$	3.0	8.0	14.0	1.52	4.67	级配不良
$HH_{21\text{-}60}$	1.9	6.4	12.2	1.77	6.42	级配良好
$HH_{21\text{-}40}$	1.9	6.3	11.6	1.80	6.11	级配良好
$HH_{21\text{-}20}$	1.9	6.1	10.0	1.96	5.26	级配良好
$HH_{26\text{-}60}$	1.2	5.2	10.4	2.17	8.67	级配良好

注：C_c 为曲率系数；C_u 为不均匀系数。

由于本书所用粗粒土的粒径分布分相对较广，对其进行缩尺时，若采用相似级配法直接进行缩尺，将会导致缩制后的级配土料细颗粒含量大量增加，级配发生了巨大变化，那么对试验结果影响巨大，因此，不再对相似级配法这一缩尺方法进行研究。

从表2.2可以看出，当对原级配粗粒土通过不同的缩尺方法进行缩制后，采用等量替代法和剔除法所得缩尺后的级配基本全部为不良级配，只有剔除法缩尺下最大粒径为20 mm时的级配为良好级配。采用混合法所得缩尺后的级配只有在 P_5=15%、最大粒径为60 mm时的级配为不良级配，其余4组均为级配良好的级配。通过图2.8可以看出，通过等量替代法进行缩尺得到的级配曲线细颗粒含量较少，曲线在粗颗粒部分的坡度较陡，颗粒级配之间的连续性比较差；通过剔除法进行缩尺得到的级配曲线，其整体上平滑性差，在形态上与原级配曲线有较大的相似性；通过混合法进行缩尺得到的级配曲线整体较为平滑，级配曲线的形态基本呈反S形，使得粗、细颗粒分布相对较为均匀，从而通过不均匀系数和曲率系数评价时表现为级配良好。

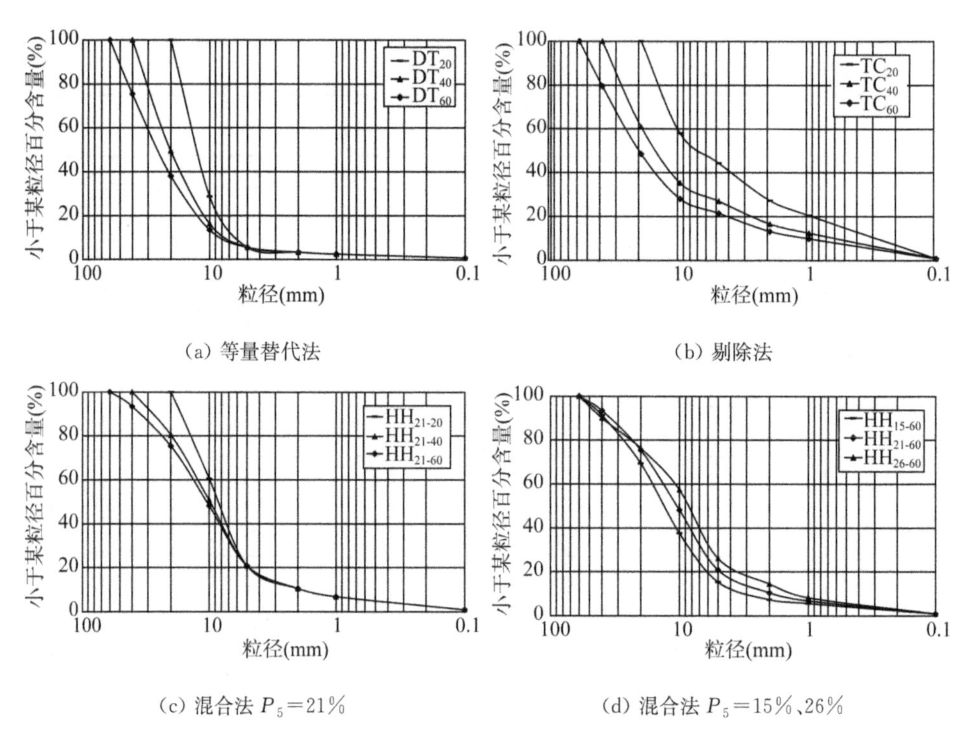

(a) 等量替代法

(b) 剔除法

(c) 混合法 $P_5=21\%$

(d) 混合法 $P_5=15\%$、26%

图 2.8　不同缩尺方法得到的试验土料级配曲线

2.5　试验方法

2.5.1　制样标准

进行缩尺后的试验土料，级配已经发生了较大变化，试验土料中粗颗粒、细颗粒之间的充填关系等结构特征随之也发生改变，那么试验土料的压实性能也随之发生改变。在研究粗粒土等粗颗粒材料的缩尺效应中，如何使得室内试验的压实状态和现场压实状态保持相对应是非常重要的一个研究内容。截至目前，在进行室内试验时，压实度控制方法最常用的有 3 种，分别为控制密度相同、控制压实功相同、控制相对密度相同。

在土石坝现场，一般采用碾压参数、孔隙比或者密度作为控制指标[93,94]。

但是由于缩尺后堆石料的级配随之产生变化，缩尺后试验土料的最小和最大干密度难以与原级配料保持相同，因此在进行室内试验时，控制相同的干密度或者控制相同的孔隙比，必然导致与原级配料的压实程度有所不同，最终缩尺得到试验土料的力学性能肯定和原级配料是有差异的。且由于土石坝现场进行碾压时使用的是重型机械，在室内进行试验时受击实设备的限制，室内材料密度很难达到现场级配密度，从而导致原级配土料的填筑密实度是大于室内试验所能达到的最大干密度值的，因此在进行室内试验选择试样标准控制方法时，密度控制这一方法需要慎重考虑。

压实功是主要用来克服颗粒的位移做功的，针对不同的级配土料，相同的压实功将会引起近似相等的变形能，从而认为此时的土料具有同样的密实度。因此当压实功相同时，可以近似认为堆石料的松紧程度（密实度）是相同的。当选择控制压实功相同时，通常是在室内对堆石料采用分层夯实或者分层振动压实的方法，这种方法虽然通过控制人工制样时上部荷载、振动的频率、振动幅度、振动的时间，或者击锤的重量、次数等就可以控制压实状态相同[95-97]，但是其缺点就是，现场一般是通过大型振动碾进行碾压以达到某指定密度或者相对密度的，非常难以估计现场压实后的压实功究竟多大，那么我们就不能确定在室内进行制样时，应该选择多大的上部荷载、振动的频率、振动幅度、振动的时间。控制相同的压实功这一方法，目前只能用在室内试验研究时，控制不同试验级配土料的密实度相同，在缩尺效应研究中应该尽量避免使用。

堆石料作为颗粒集合体，其压实性能主要和颗粒的形状、级配等因素相关，针对不同的颗粒集合体，仅仅只对比它们的干密度或者孔隙比并不是合理地衡量压实程度的方法。而相对密度是不受孔隙比、干密度等指标的影响，其可以作为描述粗颗粒土的压实状态的评价标准。堆石料散粒体的紧密程度在很大程度上决定了材料的强度变形性质，所以在进行室内试验时，经常选用相对密度 D_r 来作为制样的密实度控制标准，但是这一方法目前在土石坝现场填筑中很少使用，主要是因为很难对这些现场土料进行最大干密度试验，而且目前也没有一个统一的、成熟的进行现场试验的标准。当现场的相对密度难以确定时，我们在室内进行试验时究竟选用多大的相对密度是一个非常值得探讨的问题。因此一些学者经过试验验证了相对密实度作为制样标准的可行性，马刚等[61]通过数值模拟试验得出，当控制相同的相对密度时，不同方法下缩尺级配土料的强度差异比较小。翁厚洋等[98]通过研究粗颗粒土的缩尺效应，认为应该选择控制相对密度这一标准进行制样。朱晟等[50]经过研究认为，相对密实度控制指标可以很好排除级配差异所导致的土体紧密程度的差异问题。

综上分析，我们认为在用缩尺后不同级配土料进行室内试验研究时，宜选择控制同样的相对密度进行制样，减小应密度原因所引起的不同缩尺方法下级配土料力学性质的差异，能够更全面地研究不同缩尺方法之间的区别。因此在本书试验中，选用控制同一相对密度进行制样来探究粗粒土的缩尺效应。

2.5.2 试样的制备

大型三轴(大三轴)剪切试样的直径为 300 mm，高度为 600 mm。试样进行制备时，由于粗粒土散颗粒的特殊性，直接在试样底座上面完成试样的击实组装。试样的具体制备过程及注意事项如下所述：

(1) 检查仪器管道。将底座用水冲洗干净，保证底座周围没有多余的土颗粒；检验试样底座出水孔、进水孔是否被土颗粒堵塞，如果堵塞需要使用专业工具将堵塞的通道疏通，以避免试验过程中体变测量数据不准。

(2) 安装第一层橡皮膜。依次在试样底座上放上特制的透水板和无纺布材质的透水棉，透水棉的作用是避免试验剪切过程中细小土颗粒堵塞仪器中的管道；之后将大三轴橡皮膜套在试样底座上，将对半的成型筒固定在试样底座，对半成型筒接口处用内六方螺钉拧紧，避免装样击实过程中引起松动造成橡皮膜脱落；同时将橡皮膜上端外翻使其与成型筒上沿平齐，用手挤出橡皮膜和成型筒之间的空气，使两者尽可能贴合。

(3) 击实试验土料。按照各组颗粒级配组成称量试验土料，然后将试验土料混合均匀后平均分成 5 等份备用。制样时分 5 层进行逐层击实，每层用振动器击实到指定高度后，将试样表层刮毛后再继续制备下一层土料，以避免粗细颗粒之间离析。制样前要将等分好的试验土料倒进土样盘中用铲子再次搅拌均匀，然后用小铲子将土料逐次倒进橡皮膜中间。由于本书进行的试验级配特殊性，试样粗颗粒含量较多，制样时在与橡皮膜接触的地方尽量用细颗粒进行填充，这样可以有效避免试验时橡皮膜破损；在进行第一层击实时，其高度应比预设的 120 mm 略高，因为后续 4 层的击实功同样会施加到第一层土料上。

(4) 套装第二层橡皮膜。试样分 5 层逐层击实后拆开成型筒，将第二层橡皮膜套在特制的铁质套筒上，用真空泵将其抽真空使橡皮膜完全贴合在套筒筒壁，然后套在第一层橡皮膜外侧。

(5) 安装试样帽。在最上面土层表面逐次放上透水棉、试样帽，把上端多出来的橡皮膜下翻与试样帽顶端平齐。用橡皮筋将试样底部和上端分别扎紧后静置 1～2 h，使装样时的应力得到完全释放。

(6) 安装内外压力室罩。拧紧各个接口处螺栓，将整个压力室放到仪器特定的位置。连接进水管、排水管、围压控制器等管路，向内外压力室内注满水。启动试验仪器，上升压力室至试样和传力杆恰好接触，以轴向压力传感器的读数刚刚出现跳动时为宜，至此大三轴试样制备完成。

(7) 由于本次试验围压最高为 2 000 kPa，因此在制备围压为 2 000 kPa 下的试样时，在第一层与第二层橡皮膜中间，夹垫 1 层聚丙烯材质的薄层能有效防止在高围压下因为粗颗粒的棱角引起的橡皮膜破损。

中型三轴(中三轴)剪切试样直径为 101 mm，高度为 200 mm，其制备步骤和大三轴试样制备基本无异，具体详细过程在此不过多赘述，只对其中的注意事项做如下说明：

(1) 中三轴透水板为特制的直径为 101 mm 的铜制透水板；装样时同样分为 5 层逐层进行夯击振实，将每层高度控制在 40 mm，中三轴试样击实时采用的是击实锤，由于粗颗粒含量较多，击实过程中不能太过用力，以免出现大量的颗粒破碎。

(2) 由于中三轴试样体积较小，在进行橡皮膜套装以及用橡皮筋捆扎试样过程中，极易造成试样松动脱离底座，因此装样过程中要格外注意必须保持试样竖直。

(3) 本书试验所用土料级配中粗颗粒占比较多，在装备 1 200 kPa、2 000 kPa 下的试样时，同样需要在第一层和第二层橡皮膜中间垫衬聚丙烯材质的薄层，以有效防止固结和剪切过程中橡皮膜的破损。

由于试验用料是典型的散粒体，在整个试样的制备过程中，应该尽可能地避免对试样的扰动。

2.5.3　试样的饱和与固结

根据《土工试验方法标准》[29]中的规定，考虑到本书试验所用土料细颗粒的含量均相对较少，所涉及的大三轴和中三轴试样饱和方法选用水头饱和法。大三轴试样同中三轴试样的饱和、固结过程，除了操作设备不同，其他步骤基本无异，在此仅对大三轴试样的饱和和固结过程做详细说明。

进行水头饱和时，缓慢打开围压控制阀门，通过围压控制器向试样周围施加 25 kPa 的压力，同时打开试样上端的排气阀门，释放试样内部存在的负压，记录进水量管的水位读数；打开试样底部进水阀门，逐渐提升进水量管的水头，最高至水头差不超过 2 m，使水自下而上逐渐流进试样内部以完成饱和，当上部排水孔出水后，记录进、出水量管的水位数值，当进水量和出水量数值相同时，即认为试样饱和已经完成。关闭进、出水阀门，检查各个管路是否通畅，通过控制端控制围压控制器施加指定的围压，一般认为当围压达到预设的值后，持续 1 h，即认为试样的固结完成。

2.6 试验方案设计

粗粒土的渗透系数比较大，排水固结速度快，因此在进行缩尺效应研究时，拟定的三轴试验均选择固结排水剪切方式。现将本书中涉及的具体试验介绍如下：

(1) 最大、最小干密度试验。初步拟定 11 组最大、最小干密度量测试验，以进一步研究不同的缩尺方法对粗粒土密实度的影响。最大、最小干密度各组试样编号如表 2.1 所示。

(2) 不同缩尺方法所得试验级配土料三轴剪切试验之间的对比研究。具体试验方案如表 2.3 所示。

表 2.3　不同缩尺方法所得试验级配土料试验方案

序号	缩尺方法	试验编号	最大粒径(mm)	试样直径(mm)	控制围压(kPa)	相对密实度
1	等量替代法	DT_{60}	60	300	200、600、1 200、2 000	0.9
2	剔除法	TC_{60}	60	300	200、600、1 200、2 000	0.9
3	混合法	$HH_{15\text{-}60}$	60	300	200、600、1 200、2 000	0.9

(3) 同种缩尺方法下采用不同的试样尺寸进行对比试验。具体试验方案如表 2.4 所示。

表 2.4　同种缩尺方法下不同的试样尺寸试验方案

序号	缩尺方法	试验编号	最大粒径(mm)	试样直径(mm)	控制围压(kPa)	相对密实度
1	混合法	$HH_{21\text{-}20}$	20	300	200、600、1 200、2 000	0.9
2	混合法	$HH_{21\text{-}20\text{-}小}$	20	101	200、600、1 200、2 000	0.9

(4) 同种缩尺方法下，最大粒径 d_{max} 不同的试验级配土料试验结果之间的对比。具体方案如表 2.5 所示。

表 2.5　最大粒径 d_{max} 不同的试验级配土料试验方案

序号	缩尺方法	试验编号	最大粒径(mm)	试样直径(mm)	控制围压(kPa)	相对密实度
1	混合法	$HH_{21\text{-}60}$	60	300	200、600、1 200、2 000	0.9
2	混合法	$HH_{21\text{-}40}$	40	300	200、600、1 200、2 000	0.9
3	混合法	$HH_{21\text{-}20}$	20	300	200、600、1 200、2 000	0.9

(5) 同种缩尺方法下，采用小于 5 mm 的颗粒(P_5)含量不同进行对比试验。具体试验方案如表 2.6 所示。

表 2.6　不同的 P_5 含量时试验级配土料试验方案

序号	缩尺方法	试验编号	最大粒径(mm)	试样直径(mm)	控制围压(kPa)	相对密实度	P_5 含量(%)
1	混合法	$HH_{15\text{-}60}$	60	300	200、600、1 200、2 000	0.9	15
2	混合法	$HH_{21\text{-}60}$	60	300	200、600、1 200、2 000	0.9	21
3	混合法	$HH_{26\text{-}60}$	60	300	200、600、1 200、2 000	0.9	26

2.7　本章小结

本章主要介绍了粗粒土缩尺效应研究的试验方案，从不同的缩尺方法对干密度极值的影响、不同方法对三轴试验结果影响、不同尺寸试样的试验结果差异、不同最大粒径对试验结果的影响、混合法缩尺下不同 P_5 含量对三轴试验结果影响来对粗粒土中的缩尺效应进行全面研究。

另外，本章还详细阐述了在进行最大、最小干密度和三轴剪切试验时的仪器，以及各仪器的具体操作方法和注意事项；对进行试验所用的原型粗粒土进行了简单介绍。经过对以往文献的分析整理，本章确定了在研究粗粒土缩尺效应时，采用控制相同的相对密度这一控制标准进行制样的结论。

第3章 粗粒土级配及干密度分析研究

3.1 引言

堆石料的级配对其物理力学特性有着非常重要的影响，对于堆石料，即便是同种土质，当级配发生变化时，其工程性质也会出现较大差异。颗粒级配无疑是土体非常重要的物理性质指标之一。

在土力学中，经常用不均匀系数 C_u 和曲率系数 C_c 两个指标用来评价颗粒级配曲线的好坏，其中不均匀系数主要用于表示各个粒组颗粒的均匀程度，曲率系数主要是表征土料级配曲线的平滑程度，虽然结合两者能够对级配曲线的好坏进行一定的评判，但是采用这种级配的表示方法在学术研究和工程实践中应用起来极其不便。当试图说明不同土体或者所用堆石料级配的差异时，只能通过对比每个粒组的含量才能得到最终的差异；同时当探究堆石料的级配对其物理力学性质有何影响时，企图用这种粒组之间的含量差异来定量表述是几乎不可能的事。

在实际运用中，我们也发现，没有一个统一的方法能够定量描述原型土料的级配曲线，而经过缩尺后的试验级配曲线难以与原级配曲线保持一致，对得出的室内试验数据进行分析时往往却只能止步于定性分析。

因此，为了准确探究粗粒土的物理力学性质，对粗粒土的级配进行深入研究非常必要。本章的探讨内容是，首先对粗粒土物质组成的总体特性进行了探究，验证了笔者等[99]提出的级配曲线方程在粗粒土级配曲线中的适用性，并用该级配方程描述原级配曲线缩尺后的各级配曲线，探究了不同缩尺方法缩尺后级配方程参数的变化规律，其次对缩制后的试验土料进行最大、最小干密度试验，探究缩尺后粗粒土其干密度极值的变化规律。

3.2 粗粒土物质组成的总体特性

本书所选用粗粒土物质组成的总体特性可以概括如下：

（1）物质的颗粒粒径变化幅度很大，往往含有大量的粗颗粒石块。粗粒土的物质颗粒粒径变化幅度很大,可从小于 0.001 mm 的黏粒到大于 10 多米,甚至可到几十米的巨石。如岷江上游支流宗渠沟的两河口粗粒土,其最大的巨石长径达 17.2 m,d_{90} 达 1.7 m;老虎嘴堰塞坝物质 d_{90} 为 1.9 m。汶川草坡河塘房的粗粒土其主要由巨块石、块石、漂石、碎石等组成,粒间有少量黏土充填。

(2) 堆石料物质粗细分布不均匀,水平或垂直方向差异较明显。同属于同一个地方的粗粒土,各部位的颗粒粒径相差也很大,如两河口滑坡坝表面,以面积 10 m×10 m 为基准,有的部位长径大于 2.0 m 的巨石约占总面积的 40%;而有的部位长径大于 2.0 m 的巨石则没有。

(3) 不同成因的粗粒土物质组成差别明显。在粗粒土的物质组成上,不同成因的土料之间也具有明显的差异。如在人工爆破而成的粗粒土,颗粒的棱角则较为分明,颗粒上可能含有微小的裂隙,颗粒之间则以点接触为主;而泥石流坝中的堆石料,在其形成和运动过程中,经过了分选和搅动,组成物质要相对均匀一些,颗粒整体要好一些,而且直径大的巨石相对比较少,含水量则较高。

为了研究缩尺效应,本书以级配最为宽泛的堰塞坝材料为例,通过查阅有关资料[100-101],得到国内数组堰塞坝土料的级配曲线,如图 3.1 所示。由于级配曲线较多,将其绘制在一幅图中较为杂乱,故在此将其分为(a)、(b)图展示。

由图 3.1 级配曲线可以较直观看出,各粗粒土的颗粒粒径分布范围比一般的工程所用堆石料分布范围更广泛,工程中大多的堆石料粒径最大为 1 000 mm 左右,但是作为典型的粗粒土,最大粒径最高甚至可达 10 000 mm 甚至更大,且超粒径颗粒组成偏多,含有大量的大尺寸颗粒。不同的粗粒土其颗粒级配组成均有相当大的差别,这无疑给研究带来了巨大的困难。

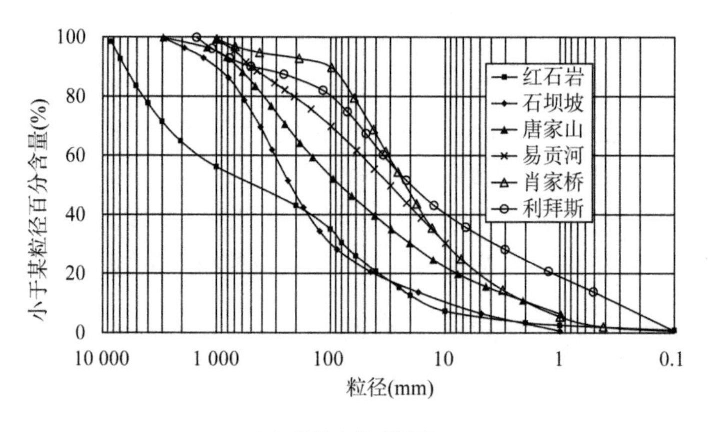

(a) 粗粒土典型级配一

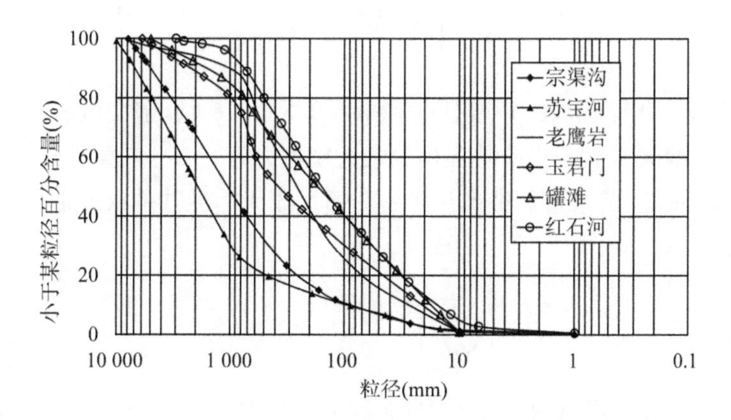

(b) 粗粒土典型级配二

图 3.1　粗粒土典型级配

3.3　级配方程适用性研究

为了实现通过定量分析来探究级配对土体力学等性质的影响这一目的，需要想办法找到合适的数学方法来对土体的级配曲线进行表述，截至目前，对土体级配曲线表示方法的研究很少，仅有一部分学者在此方面进行了探索。

Fuller 等[102]根据大量的试验提出一种描述理想级配的曲线，即最大密度曲线，其认为当颗粒级配曲线越趋近于抛物线形态时，颗粒密度则越大，表达式如下：

$$P=\sqrt{\frac{d}{d_{\max}}}\times 100\% \tag{3.1}$$

式中，P 是粒径为 d 的颗粒通过筛孔的质量百分率，$d_{\max}$ 为颗粒的最大粒径(mm)。

Talbot 等[103]基于分形理论，提出了一种级配方程表示为：

$$P=\left(\frac{d}{d_{\max}}\right)^{3-D}\times 100\% \tag{3.2}$$

式中，D 为分形维数。

依据此级配方程，Talbot 等则认为，在研究土颗粒的最大密度时，实际矿料的级配应该允许有一定范围内的波动，表达式为：

$$P=\left(\frac{d}{d_{\max}}\right)^{n}\times 100\% \tag{3.3}$$

式中，n 为级配指数，一般认为取 $n=0.3\sim0.6$ 时，密实度较好；当 $n=0.5$ 时该式即演变为 Fuller 等提出的最大密度方程。

Swamee 等[104]通过研究提出了一个适用于天然泥沙的级配曲线方程，可表示为：

$$P=\left[\left(\frac{d_{*}}{d}\right)^{\frac{m}{n}}+1\right]^{-n}\times 100\% \tag{3.4}$$

式中，m 为在双对数坐标系中，泥沙的级配曲线中间部分变化斜率，n 称为渐变系数，也叫作拟合系数；d_{*} 为在双对数坐标系上，级配曲线中间部分直线的延长线和 $P=100\%$ 时的横坐标交点所对应的粒径。

朱俊高等[99]通过对大量工程应用的土料级配曲线进行分析研究，提出了一个可以描述连续级配土的级配方程：

$$P=f(b,m,d)=\frac{1}{(1-b)\left(\frac{d_{\max}}{d}\right)^{m}+b}\times 100\% \tag{3.5}$$

式中，$d_{\max}$，b 和 m 为参数，一般统称为级配参数，当确定级配之后，$d_{\max}$ 即为已知参数。

上述方程中，式(3.1)和(3.2)认为，P 与粒径 d 在双对数坐标轴上，是呈线性关系的，显然这样表述低估了级配曲线的复杂性，其可适用的范围有限。分析式(3.1)与式(3.2)我们不难发现，两者在本质上其实是一样的。

式(3.4)和式(3.1)～式(3.3)相比，对不同情况下级配的反映精确度有所提高并且有更宽的使用范围，但是其自身的普适性仍然存在比较大的限制。通过观察其对参数的定义，不难发现，式(3.5)所能描述级配曲线的特点是，在双对数坐标轴中曲线的中间部分必须为直线，但是很显然并不是所有的堆石料级配曲线都能够满足该条件，那么利用式(3.5)进行拟合的时候就会有一定的误差，因此很难将其推广应用到能够描述一般堆石料的级配曲线。另外，通过数学知识对该式进行求解，发现在达到最大粒径 $d_{\max}$，$P=100\%$时，式(3.5)是没有解的，那么这就导致在描述原级配时，当 d 等于最大粒径 $d_{\max}$，P 的值并不是 100%，唯一的解决办法就是通过数值计算，求出一个近似的值作为最大粒径，比如把 $P=99.0\%$时的粒径认定为最大粒径，那么该粒径就会和原始的最大粒径有一定的偏差，特别对于堆石料，由于颗粒的粒径分布范围很广，此时近似的最大粒径值与原级配真实的最大粒径会出现很大的差异，这也限制了该式描述更多级配曲线的能力。

朱俊高等[99]已经在文中对式(3.4)的局限性进行了讨论，并搜集了国内外 6 座土石坝堆石料级配对式(3.5)的适用性进行了验证，但是这些堆石料的最大粒径 d_{max} 最多只到 1 000 mm，其对粒径分布更宽的粗粒土的适用性还有待进一步的验证。

另外，王启云等[105]借助 MATLAB 工具软件，发现颗粒的含量和相对粒径自然对数之间存在非线性关系，可以用二次函数很好表达两者关系，基于此其也提出了一个能够描述连续级配粗颗粒土的级配方程，如式(3.6)所示，而后将非连续级配粗颗粒土的级配曲线划分为局部的连续级配曲线，通过进行坐标变换的方式，在连续级配方程的基础上，构建出一个非连续级配粗颗粒土的方程，如式(3.7)所示。

$$P = \exp\left[a\left(\ln\frac{d}{d_{max}}\right)^2 + b\left(\ln\frac{d}{d_{max}}\right)\right] \tag{3.6}$$

$$P_m = \exp[a_m x'^2 + b_m x'^2 + P'_{m-1}]\,(x_{m-1} \leqslant x \leqslant x_m) \tag{3.7}$$

式中，a、b 为拟合参数，m 表示级配曲线的分段数，a_m、b_m 表示第 m 段对应的拟合参数。我们发现上述两个方程的参数确定起来比较麻烦，且形式较为复杂，使用的时候不太方便。

本节用 3.2 节中收集到的一些国内外典型的粗粒土级配曲线，对式(3.5)级配方程的适用范围进行进一步深入分析，探究其在粗粒土中的适用性。各粗粒土级配曲线与级配方程式(3.5)的拟合曲线如图 3.2 所示。

由图 3.2 可知，朱俊高等[99]所提出的级配方程对本书所搜集的各种粗粒土级配曲线有非常好的预测能力，整体上来说有较好的拟合效果。其中对于级配曲线较为平滑即呈双曲线形、反 S 形的粗粒土，级配方程的预测效果最好，基本接近重合，相关系数可达 0.99 以上；对于级配曲线中间段有凸起或者略微水平段的，其预测效果相对来说略差一点。但是采用级配方程来拟合上述粗粒土的级配曲线时，相关系数 R^2 都达到 0.98 以上。可见，该级配方程在拟合粗粒土的级配曲线方面同样具有极好的适用性和优越性。

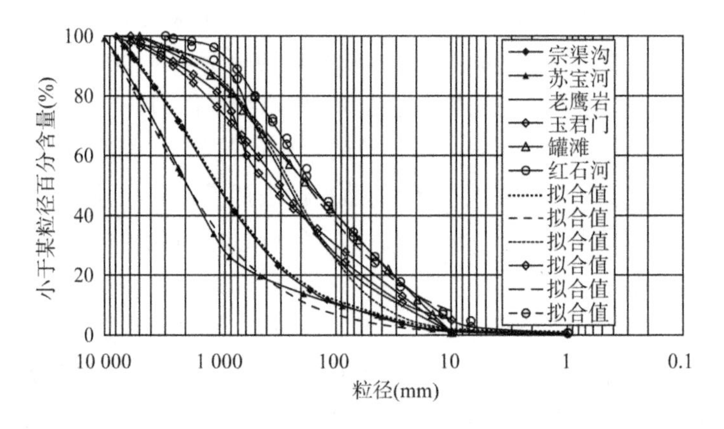

(a) 级配方程适用性验证一

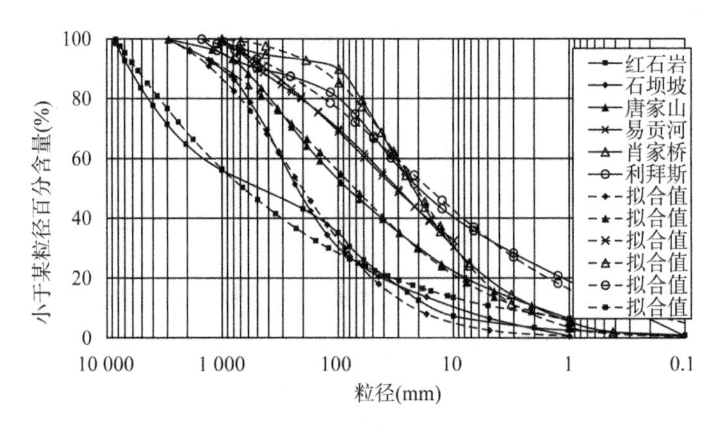

(b) 级配方程适用性验证二

图 3.2 级配方程适用性验证

3.4 不同方法缩尺后级配方程参数变化规律

我们进行试验时，选用的是某粗粒土。一般在进行室内试验之前，需要对原级配土料按照规范规定的方法进行缩尺，即从等量替代法、剔除法、混合法和相似级配法这 4 种缩尺方法中选择合适的一种，将颗粒粒径缩尺到某种范围，使其能够满足室内仪器设备所要求的最大颗粒粒径即可。

针对所选用的粗粒土，主要通过等量替代法、剔除法和混合法进行缩尺。至于相似级配法缩尺，其优点是能够保持缩尺前后级配曲线的几何形状相似，保持不均匀系数相同，缺点是土体颗粒整体的粒径都被缩小，使粗颗粒的含量变少，细颗粒的含量增多，从而使缩尺前后土料的性质有较大差异，而且此次选用的原级配粗粒土的最大粒径 d_{max} 为 8 450 mm，经过计算，如果采用相似级配法进行缩尺，比尺应该选为 140，而此时，小于 5 mm 的颗粒含量可以达到 50%，与原级配相比有极大的差异。因此通过相似级配法进行缩尺后的级配曲线及其级配参数在此不再做分析。

其中采用混合法进行缩尺时，需要先用相似级配法缩尺，而后再用等量替代法进行缩尺，在这里我们分别选用 5、8、12 的比尺，使得通过混合法缩尺后的级配土料其 P_5 含量分别为 15%、21%、26%。原级配粗粒土进行缩尺后的各级配曲线与级配方程式(3.5)的拟合曲线如图 3.3 所示。试验级配曲线缩尺前后的级配参数值如表 3.1 所示。

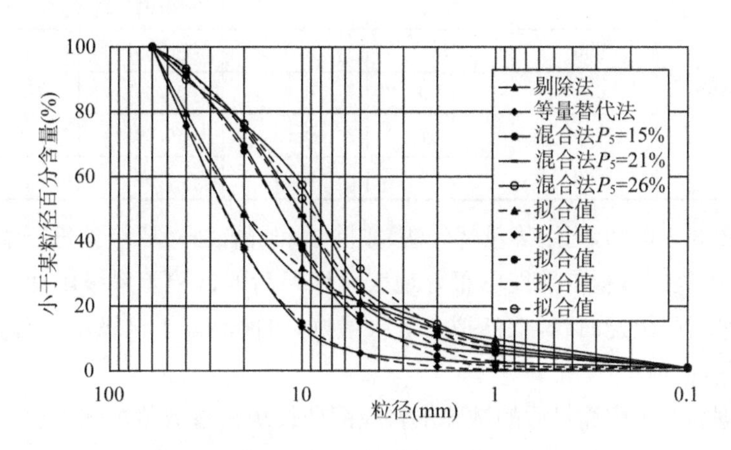

(a) 最大粒径为 60 mm

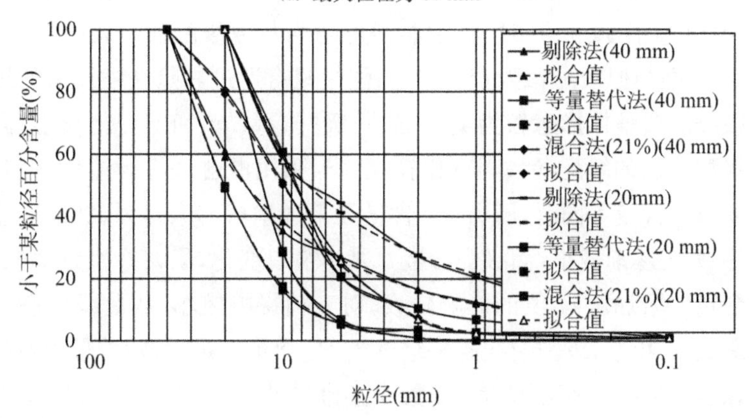

(b) 最大粒径为 20 mm、40 mm

图 3.3　缩尺后级配曲线和级配方程拟合值

表 3.1　原级配曲线和缩尺后级配曲线级配方程参数值

缩尺方法	最大粒径(mm)	级配参数		相关系数	备注
		m	b		
原级配	8 450	0.34	0.27	0.978	—
等量替代法	60	1.57	0.64	0.999	—
	40	1.83	0.59	0.999	—
	20	2.14	0.27	0.999	—
剔除法	60	0.58	−0.16	0.996	—
	40	0.40	−1.14	0.998	—
	20	0.20	−3.43	0.996	—
混合法	60	1.55	0.89	0.998	$P_5=15\%$
	60	1.44	0.91	0.997	$P_5=21\%$
	40	1.49	0.85	0.995	
	20	1.57	0.63	0.991	
	60	1.20	0.89	0.993	$P_5=26\%$

由图 3.3 可知，当用等量替代法、剔除法和混合法对原级配进行缩尺后，式(3.5)的级配方程依然能够很好地表示缩尺后的试验土料级配曲线，其中对较为平滑的级配曲线，依然拟合效果最好，再次验证了该级配方程具有良好的适用性。

根据表 3.1 中缩尺后的试验土料级配曲线级配参数值可知，当采用不同的缩尺方法对原级配粗粒土进行缩尺后，级配方程参数有一定的差异。当最大粒径相同(等于 60 mm)时，级配曲线形态当与原级配曲线较类似时，级配参数 m 和 b 则与原级配参数较为接近；图中只有通过剔除法缩尺后的级配曲线与原级配曲线整体形态较为类似，故其级配参数 m 和 b 变化较小，而其他缩尺后级配曲线的级配参数则变化较大。当采用混合法进行缩尺、控制最大粒径相同、P_5 含量不同时，随着 P_5 含量逐渐递增(15%、21%、26%)，缩尺后的级配参数 m 逐渐减小，而级配参数 b 基本没有变化，最大差值为 0.02，可见细颗粒含量的增加对 m 值的影响较大，对 b 值影响较小，从曲线形态上可以理解为参数 m 越小，级配曲线越平缓。当 P_5 含量一定时，随着最大粒径 d_{max} 的减小，级配参数 m 逐渐增大，参数 b 逐渐减小；在等量替代法缩尺方法下时，随着缩尺后最大粒径 d_{max} 的逐渐减小，级配参数 m 同样逐渐增大，参数 b 逐渐减小；在剔除法缩尺方法下时，级配参数 m 和 b 均随着最大粒径 d_{max} 的减小而逐渐减小。

同时仔细观察在同一最大粒径下级配曲线的形态，如最大粒径为 60 mm 时，等量替代法缩尺后的曲线最陡，剔除法缩尺后的曲线最平缓。不难发现，其主体部分斜率随着参数 m 的减小而减小，故可以判断出，级配参数 m 主要影响着级配曲线的斜率大小，即倾斜程度；而参数 b 则主要影响着级配曲线形态，即呈反 S 形还是双曲线形。

3.5　缩尺方法对粗粒土干密度的影响

当对原级配粗粒土采用不同的缩尺方法进行缩尺后，每个试验级配土料的级配是不同的，那么其最大、最小干密度同样有差异。本节通过等量替代法、剔除法、混合法 3 种缩尺方法将原级配分别缩尺到最大粒径 d_{max} 为 20 mm、40 mm、60 mm，其中混合法缩尺中，对 $P_5=15\%$和 $P_5=26\%$时，只将原级配缩尺到最大粒径 d_{max} 为 60 mm。使用 2.2 节中介绍的表面振动压实仪试验装置，对缩尺后的级配土料分别进行最大、最小干密度试验，不同缩尺方法所得试验级配土料的最大干密度和最小干密度见表 3.2。不同缩尺方法下不同 d_{max} 与最大、最小干密度之间的关系见图 3.4 和图 3.5。

表 3.2　不同缩尺方法所得试验级配土料的 $\rho_{d\,max}$、$\rho_{d\,min}$

缩尺方法	试样编号	最大粒径 d_{max} (mm)	最大干密度 $\rho_{d\,max}$ (g/cm^3)	最小干密度 $\rho_{d\,min}$ (g/cm^3)
等量替代法	DT_{60}	60	2.00	1.50
	DT_{40}	40	1.97	1.47
	DT_{20}	20	1.83	1.35
剔除法	TC_{60}	60	2.19	1.68
	TC_{40}	40	2.18	1.65
	TC_{20}	20	2.16	1.61
混合法	HH_{15}	60	2.05	1.53
	$HH_{21\text{-}60}$	60	2.09	1.61
	$HH_{21\text{-}40}$	40	2.07	1.63
	$HH_{21\text{-}20}$	20	2.04	1.56
	HH_{26}	60	2.13	1.60

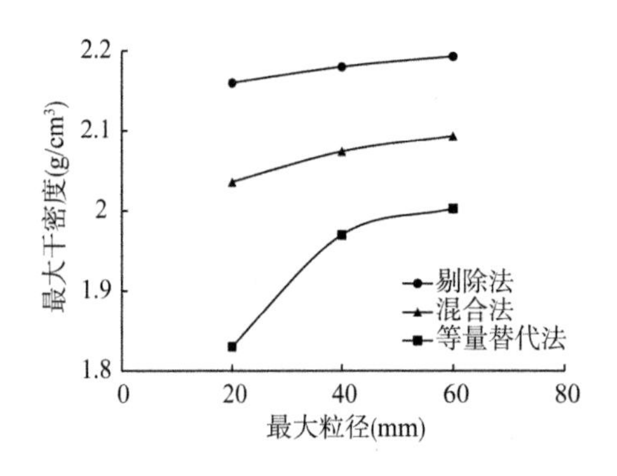

图 3.4　最大干密度与最大粒径 d_{max} 的关系

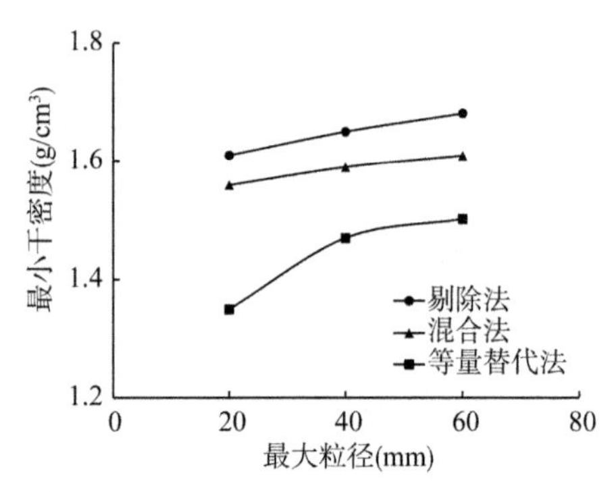

图 3.5　最小干密度与最大粒径 d_{max} 的关系

3.5.1　干密度试验结果分析

由表 3.2 和图 3.4、图 3.5 可知，采用不同的缩尺方法进行缩尺后，试验级配料的最大干密度和最小干密度有明显差异。不难看出，在同一最大颗粒粒径 d_{max} 下，经过相同的压实能量进行压实后，剔除法缩尺下所得试验级配料的最大干密度是所有缩尺方法中最大的，等量替代法缩尺下的最大干密度是最小的，混合法缩尺下的最大干密度大小居中。根据《土工试验方法标准》[29]，目前大多研究者多采用曲率系数和不均匀系数这两个特征指标，来判断土料颗粒组成的均匀性和级配的良好性。通过剔除法缩尺方法得到的试验级配料大多为不良级配，但是其不均匀系数 C_u 较大，从而比较容易压实，能够获得较大密度。而通过等量替代法这一缩尺方法得到的试验级配料大多为不良级配，其不均匀系数比较小，颗粒之间的填充性很差，因此通过相同的压实能量进行压实后孔隙率很大，最终获得的密度较小。在试料级配曲线上表示为，从图 3.3 缩尺后各级配曲线可以看出，用等量替代法缩尺方法得到的试验级配曲线，在粗颗粒部分的曲线较陡，斜率较大，颗粒之间的级配连续性比较差；用剔除法缩尺方法得到的试验级配曲线，相对来说曲线较为平滑，颗粒之间的级配连续性也较好。

通过相同的缩尺方法缩尺得到的试验级配料，在进行最大干密度试验后，也就是在土料表面施加相同的压实功时，试验级配料的最大干密度 $\rho_{d\max}$ 随着最大粒径 d_{max} 的增大呈增大趋势，其最小干密度 $\rho_{d\min}$ 也呈现出同样的规律。这可以解释为，当土料受到相等的压实功时，土料的密实度对颗粒粒径有较大的依赖性，因为对于相同的颗粒，将单个岩石颗粒粉碎后再进行压实的密度要比其自身颗粒的密度小得多，故不难理解，经过同一缩尺方法得到的试验级配料，随着最大颗粒粒径的增大，土料中相对较大颗粒的含量越来越多，此时级配料的密度呈现出随着颗粒粒径的增大而不断增大的规律。

剔除法和混合法缩尺方法下所得到试验替代料的最大最小干密度基本都均匀变化，且变化幅度不大，其最大干密度值随着最大颗粒粒径从20 mm增大到60 mm，分别只增加了0.03 g/cm^3和0.06 g/cm^3，而等量替代法缩尺下的最大干密度在最大颗粒粒径从20 mm增大到60 mm时，增加了0.17 g/cm^3，变化幅度比其他两种缩尺方法大得多。这可能是因为等量替代法缩尺后得到的试验级配料级配连续性比较差，粗颗粒含量较多，细颗粒含量比较少，随着颗粒粒径的增大，级配曲线的不均匀系数不断增大，粗颗粒之间的孔隙逐渐能够有效地被细颗粒填充，最终密实度会得到大幅度提高。

根据冯冠庆等[44]对堆石料最大指标密实度的研究，对上文中缩尺后的试验级配料的最大干密度试验数据进行整理发现，试验级配料的最大干密度$\rho_{d\max}$与最大粒径$d_{\max}$在横轴为对数坐标轴，也就是在半对数坐标系中表现出明显的线性关系。因此，通过不同的试验级配土料的最大干密度与最大颗粒粒径之间的关系可以近似表示为：

$$\rho_{d\max}=A_0\ln d_{\max}+B_0 \tag{3.8}$$

式中，A_0、B_0为拟合方程中的参数，具体数值如图3.6所示。

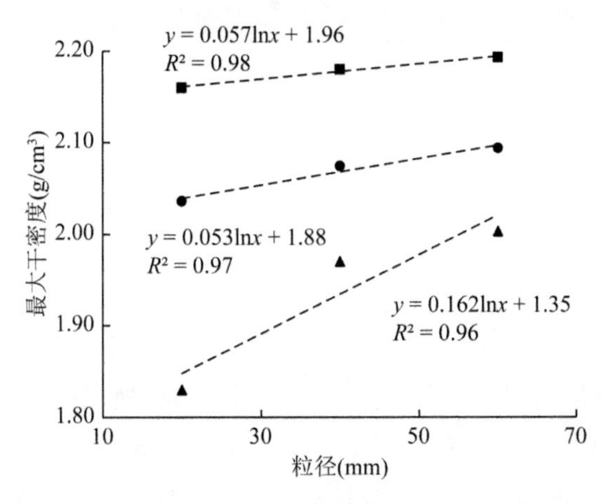

图3.6　最大干密度$\rho_{d\max}$与最大粒径$d_{\max}$拟合关系

3.5.2 最大干密度与级配参数之间关系

图 3.6 中所反映的关系可以确定出级配土料的干密度与缩尺方法、级配最大粒径之间的关系，但是因为各个级配土料的级配分布、粗细含量并不相同，针对不同的缩尺方法所得到的试验级配土料也各不相同，上文所确定的公式很难反映干密度与土料级配之间的关系。下面深入讨论两者之间的关系。根据《土的分类标准》，对于砂砾，当 $C_u \geqslant 5$，C_c 的范围在 1～3 时，土料级配是良好的。而不同的土料级配中，不均匀系数和曲率系数都会有所不同，除了相似法缩尺方法下得到的级配曲线，两者始终与原级配曲线保持相同。那么土料的干密度极值和 C_u、C_c 存在着一定的关系，而我们知道 C_u、C_c 与限制粒径 d_{60}、有效粒径 d_{10} 和 d_{30} 有关；而且，细颗粒含量的多少对试验土料的各种性质影响非常大，通过上面分析土料的干密度极值也和缩尺后最大粒径 $d_{\max}$ 之间有着密切的关系。

为了进一步探究试验级配土料的干密度极值与级配、粒径之间的关系，同样考虑细颗粒含量的影响，现在令 $\lambda = d_{60}/d_{30}\lg(d_{\max})\lg(100P_5)$，根据试验得到的结果，得出 $\rho_{d\max}-\lambda$ 的关系曲线如图 3.7 所示。

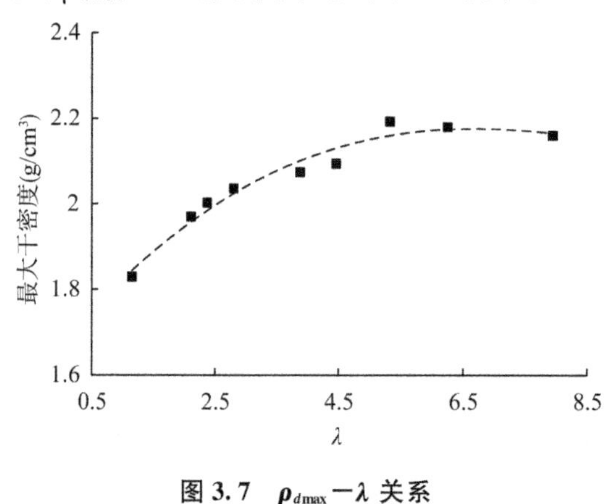

图 3.7 $\rho_{d\max}-\lambda$ 关系

由图 3.7 可以得出，对于 $\rho_{d\max}-\lambda$ 之间的关系，所用的不同试验级配土料的最大干密度值基本分布在一条曲线附近，试验结果的各点有较好的归一性。而且，我们发现，$\rho_{d\max}-\lambda$ 关系曲线存在一个极值点，也就是当 λ 为某一值 λ_0 时，堆石料的干密度达到最大值，也可成为堆石料的最优干密度，此时当 λ 大于或者小于 λ_0 这一值时，最大干密度均小于这一最优干密度。

如图3.7所示，采用3次多项式对 $\rho_{d\max}-\lambda$ 关系进行拟合，具体关系式如下：

$$\rho_{d\max}=A_1\lambda^3+B_1\lambda^2+G_1\lambda+H_1 \tag{3.9}$$

式中，对于本节试验所用到的粗粒土，参数 A_1、B_1、G_1、H_1 的取值分别为0.000 5、−0.018 1、0.175 1、1.664；由于所使用现场粗粒土的最大粒径可达8 450 mm，缩尺后最大粒径最小为20 mm，缩小倍数达到420倍，运用此公式直接推算原级配最大干密度显然是不合适的，且目前并没有现场试验数据做对比，因此在此不再推算原级配料干密度极值。

为了验证该公式的合理性，采用文献[106]中针对某堆石料用不同方法缩尺后进行的最大干密度试验对式(3.9)进行验证，其试样编号及 d_{60}、d_{30} 具体数值如表3.3所示。

表3.3 文献[98]数据

试样编号	d_{60}(mm)	d_{30}(mm)	$\rho_{d\max}$(g/cm^3)
T60	26	10.1	2.14
T40	18	7.8	2.15
T20	11	5.2	2.12
D60	27	13	2.06
D40	19.5	10.1	2.02
D20	13	7.9	1.91
X60	22	6.8	2.19
X20	7.5	2.2	2.20
H60	25	9	2.14
H40	19	8	2.11
H40	12	6.9	2.16
H20	11	6	2.06
H20	9.4	4.6	2.14

将采用式(3.9)对文献[106]最大干密度试验的拟合结果进行整理，绘制于图3.8中，预测值与试验结果误差大部分在0.025 g/cm^{3}以下，只有在H40土料颗粒粒径较小为40 mm时，误差较大，达到0.09 g/cm^3，但是在其他各种级配下，预测效果均比较贴近试验数据。可见，式(3.9)可以较好地预测堆石料缩尺后不同级配下的最大干密度值。

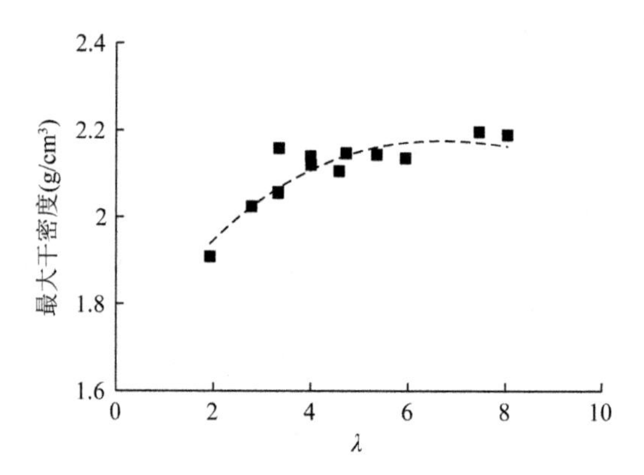

图 3.8 文献[106]试验值与预测值

分析发现，令式(3.5)左端 P 分别等于 60%、30%时，可以得到：

$$60\% = \frac{1}{(1-b)\left(\frac{d_{\max}}{d_{60}^{m}}\right)^{m}+b} \times 100\%$$

$$d_{60}^{m} = \frac{60(1-b)d_{\max}^{m}}{(1-60b)} \tag{3.10}$$

$$30\% = \frac{1}{(1-b)\left(\frac{d_{\max}}{d_{30}^{m}}\right)^{m}+b} \times 100\%$$

$$d_{30}^{m} = \frac{30(1-b)d_{\max}^{m}}{(1-30b)} \tag{3.11}$$

对式(3.10)和式(3.11)进行进一步代数计算，可以得到用级配参数表示的 d_{60}/d_{30} 表达式为：

$$\frac{d_{60}}{d_{30}} = \left(1-\frac{1}{2-60b}\right)^{\frac{1}{m}} \tag{3.12}$$

最终可以得到粗粒土的最大干密度值与级配参数 m、b 的具体关系式如下：

$$\rho_{d\max} = A_1\lambda^3 + B_1\lambda^2 + G_1\lambda + H_1$$

$$\lambda = \left(1-\frac{1}{2-60b}\right)^{\frac{1}{m}} \lg(d_{\max})\lg(100P_5) \tag{3.13}$$

式中，参数 A_1、B_1、G_1、H_1 的取值如前所述，级配参数 m、b 的取值为对级配曲线进行最优化拟合时的取值。

3.5.3　粗粒土干密度极值影响因素分析

最大干密度试验时粗粒土应压实逐渐达到密实状态，这一过程可以归结为一定形状的土颗粒，形成了某一特定的级配，在一定的压实功作用下达到了密实状态。从这个角度来说，武利强等[62]认为，土颗粒形状、级配和压实功是影响土体密实度的主要因素，这也是本节所进行的最大、最小干密度所进行试验结果有差异的主要原因，下面就这三个因素进行讨论。

1. 土颗粒形状

粗颗粒土料中堆石料的颗粒形状复杂且多变，不同的地理位置、不同粒径的颗粒其形状均有所不同。图 3.9 给出了朱晟等[43]总结的典型堆石料颗粒的形状随粒径变化的关系，以 1 表示圆颗粒，竖坐标值越大表示颗粒形状越不规则。轮廓线分形维数代表着颗粒表面的粗糙程度，当数值越小表示颗粒的表面越光滑。

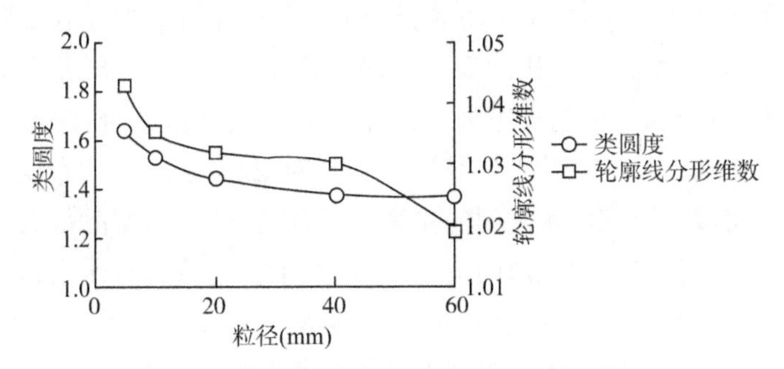

图 3.9　堆石料的形状分形指标与颗粒粒径关系

针对本章中进行的数组最大干密度试验结果，颗粒粒径分别为 20 mm、40 mm、60 mm，颗粒粒径越大试验土料颗粒表面光滑程度增大，且相对来说更加趋近于规则的圆形，因此在受到相等的压实功时，颗粒粒径大的试样其更容易被压实达到密实状态，即最大干密度值越大。

2. 级配

土体各个粒径的颗粒分别各占该土体重量上的比例，称为该土体的级配，其决定着土体的整体结构，对密实度的影响是不可忽略的因素。使用等量替代法和混合法进行缩尺后所得的试验级配料，其超粒径颗粒是由缩尺后的粗颗粒部分所替代，这也就造成了细颗粒(粒径小于 5 mm)含量不变，颗粒之间的充填关系变得更差，进行压实时粗颗粒之间形成的孔隙没有足够的细颗粒去填充，最终得到的干密度值较小。

由图 3.3 可知，等量替代法缩尺后试验级配料的级配曲线较为陡峭，剔除法和混合法其缩尺方法得到的级配曲线均相对平缓，在粗细颗粒含量上，就表现为后面这两种缩尺下的试验级配土粗细颗粒相对较为均匀，其中剔除法得到的级配曲线最为均匀。因此在压实的过程中，剔除法得到的试验级配料其粗细颗粒能够趋向于更加密实的状态，从而得到更大的干密度。

3. 压实功

土颗粒的压实过程是土体颗粒在外界输入能量的作用下，克服颗粒与颗粒之间、颗粒与试样桶壁之间的摩擦力等，实现颗粒之间位置的重新排列。那么输入的压实功的大小对最终土料的最大干密度有着非常重要的影响[107-110]。

由于本节所进行的试验是根据规范要求，采用同一套试验仪器对试样施加同样的压实功，故土颗粒形状和级配在理论上是决定本节试验中最大、最小干密度不同的主要因素，压实功的影响可以忽略不计。但是在实际的工程应用中，我们知道堆石坝碾压的现场一般采用重型振动碾，研究人员在室内进行相对密度试验时，根据规范要求采用振动器或者振动台，两者之间的压实参数和压实功是不一致的。朱晟等[43]通过对三板溪工程、水布垭等工程的实际最大干密度与压实能量之间的关系进行探究，总结出实际最大干密度和压实能量之间近似呈双曲线形的关系，即最大干密度值随着压实作用达到一指定值时，会趋向于趋近某一稳定值。冯冠庆等[44]也得出了类似的结论，其认为振动压实干密度随着振动时间的延长而不断增大，当震动时间满足一定时长后，试样的干密度值基本趋于稳定。

3.6 本章小结

本章主要分析探究了粗粒土的物质组成总体特征，验证了朱俊高等[99]提出的连续级配方程对粗粒土的适用性，并根据不同方法缩尺后级配参数的变化，总结了缩尺后级配参数的变化规律，本章的主要论述及具体结论如下：

(1) 粗粒土的颗粒粒径变化幅度很大，较普通的粗粒料来说粒径分布范围更广，通常含有大量的粗颗粒石块，并且其内部粗、细颗粒分布很不均匀，不同成因的粗粒土其物质组成也有较明显的差别。

(2) 搜集了国内外十几组具有代表性的粗粒土级配曲线,通过与其他学者提出的级配曲线方程的对比发现,虽然其他方程在一定程度上也可以定量表述粗粒土的级配曲线,但是只有朱俊高等提出的连续级配方程对粗粒土级配曲线的描述最为准确,验证了该连续级配方程在描述土体级配曲线时的普遍适用性。

(3) 采用等量替代法、剔除法、混合法对原始级配进行缩尺,通过分析缩尺后级配方程的参数 m 和 b 的变化规律可得,在同一最大粒径 d_{max} 下,使用混合法缩尺后,细颗粒含量的增加对 m 值的影响较大,对 b 值影响较小;对比同一最大粒径 d_{max} 下,使用不同缩尺方法得到的级配曲线,级配参数 m 主要影响着级配曲线斜率的大小,即倾斜程度,级配参数 b 则主要影响着级配曲线的形态,即曲线是呈反S形还是双曲线形。

(4) 对等量替代法、剔除法、混合法3种缩尺方法缩制后的试验级配土料的干密度极值均随着最大粒径 d_{max} 的增大而增大。基于试验提出了一个最大干密度 $\rho_{d\max}$ 与级配方程参数 m、b 之间的近似关系式,可以方便地得出不同 d_{max} 下堆石料的最大干密度。

第4章 缩尺方法对粗粒土力学特性影响

4.1 引言

分析可知，粗粒土的最大颗粒粒径一般较大，直接对其进行原位试验既不可行也不现实。将原位级配经过缩尺后进行室内试验成为当下主流的研究手段，这就涉及一个不可避免的问题，即缩尺效应。经过4种缩尺方法缩尺后得到的级配很难与原级配保持一致，或多或少有一定的差异，那么如何将室内试验得到的结果与原级配粗粒土的真实性质对应起来和进行室内试验时，不同的缩尺方法对粗粒土的物理力学特性有何影响是我们必须要解决的问题。不少学者通过室内试验或者数值试验对粗粒土的缩尺效应进行了各方面的研究，但是并没有得到对缩尺效应完全统一的解释，且目前研究中对粗粒土缩尺效应的研究较少。

因此，本章主要用等量替代法、剔除法、混合法这3种缩尺方法对原级配粗粒土进行缩尺，进行大型常规三轴剪切试验；对同一级配土料在不同仪器设备上进行试验，对比不同尺寸试样对试验结果之间的差异，深入探究缩尺效应对粗粒土力学特性的影响。

4.2 缩尺方法对粗粒土强度及变形特性的影响

4.2.1 缩尺方法对粗粒土强度的影响

按照2.6节中的试验方案，针对不同缩尺方法得到的试验级配料，我们进行了大型常规三轴固结排水剪试验，缩尺后的试验级配料最大粒径均为60 mm，试样直径为300 mm，试样高度为600 mm。相似级配法并不适用于粗粒土研究，具体原因上文已做阐述。

绘制出12个试样的轴向应力（σ_1、σ_3）-轴向应变 ε_a 关系曲线，如图4.1所示。3种缩尺方法所得试验级配料通过试验得到的摩尔圆及非线性包线对比如图4.2所示。在本书中，轴向应变规定以压缩为正；体积应变规定以压缩为正，反之为负。

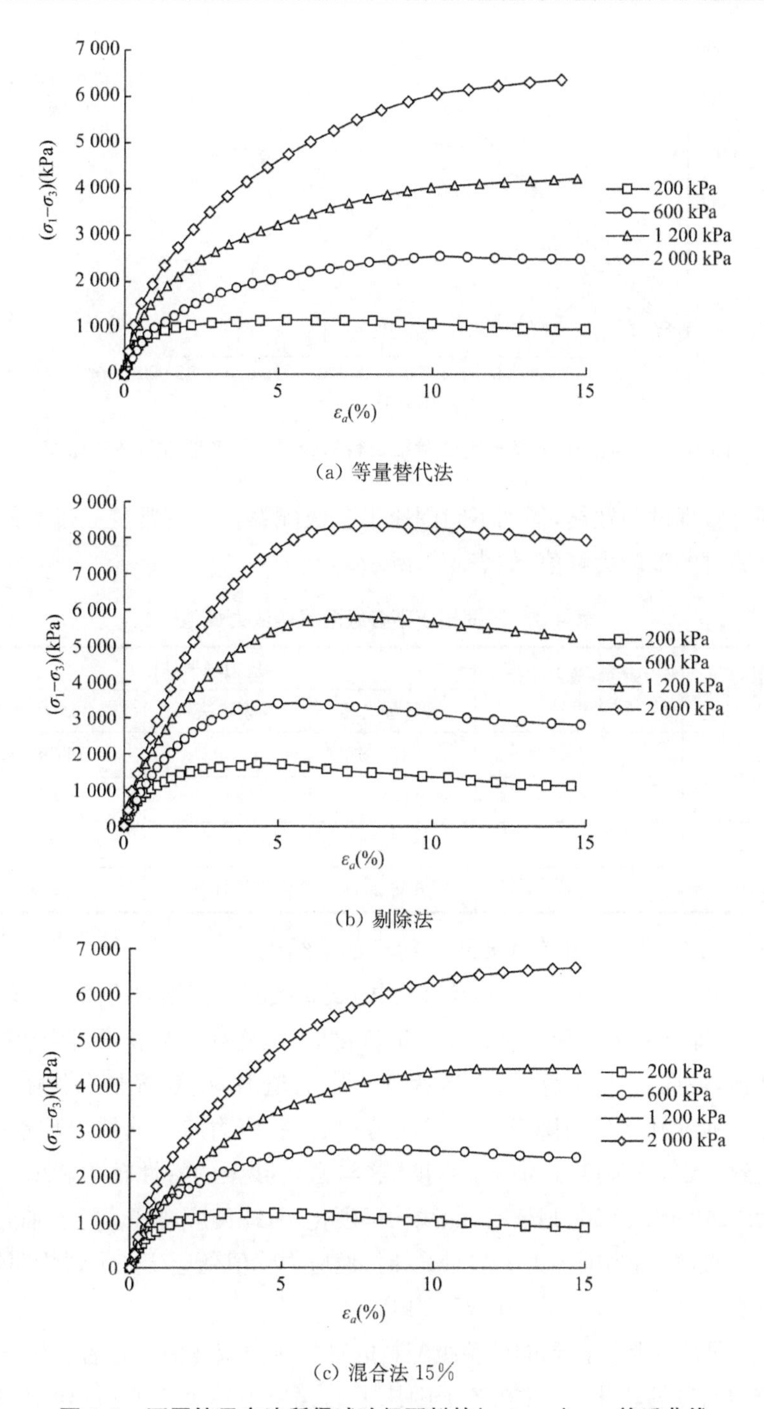

图 4.1　不同缩尺方法所得试验级配料的$(\sigma_1-\sigma_3)$-ε_a 关系曲线

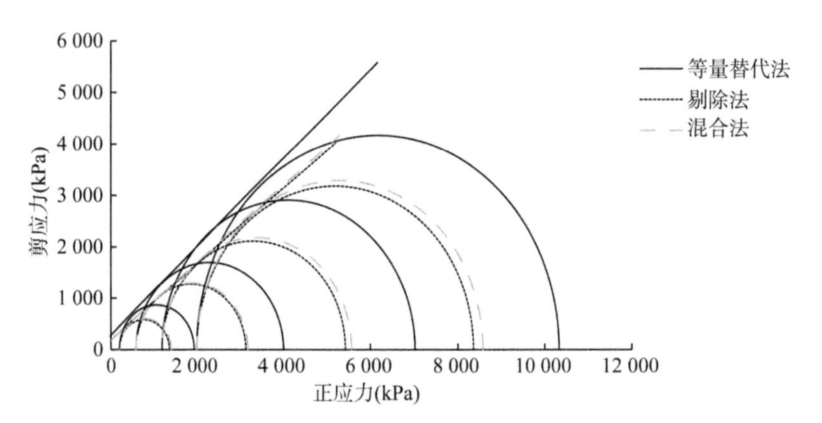

图 4.2　不同缩尺方法所得试验级配料的摩尔圆及非线性包线对比图

同时整理试验数据，得到不同围压下各级配料在大型常规三轴固结排水剪切试验时的偏应力峰值，如表 4.1 所示。

表 4.1　不同围压下各级配料偏应力峰值

围压(kPa)	级配料最大粒径(mm)	偏应力峰值(kPa)		
		等量替代法	剔除法	混合法 $P_5=15\%$
200	60	1 167.8	1 740.7	1 206.8
600	60	2 551.4	3 401.0	2 596.8
1 200	60	4 223.3	5 816.3	4 365.0
2 000	60	6 362.0	8 331.4	6 577.1

由图 4.1、图 4.2 和表 4.1 可以得到如下结论：

(1) 通过等量替代法和混合法得到的试验级配料其轴向应力应变曲线只在低围压，即 200 kPa 和 600 kPa 时呈软化型，试样在剪切初期，随着轴向应变的增加，轴向应力逐渐加大，当达到一定的值时，出现峰值(即偏应力峰值)，然后强度开始逐渐降低。试样在剪切后期，应力应变曲线出现水平段，强度大致稳定，该强度称为残余强度，这与密实砂土的特性较为相似。而在围压为 1 200 kPa、2 000 kPa 时，曲线均呈硬化型，即偏应力峰值随着轴向应变的加大一直增大，当围压为 2 000 kPa 时，偏应力峰值随应变加大最为明显，最大可分别达到 6 362.0 kPa、6 577.1 kPa。

(2) 通过剔除法得到的试验级配料的轴向应力应变曲线在各个围压下均呈现较为明显的软化型，其在各个围压下的偏应力达到峰值后，均随轴向应变的增加逐渐降低，直至试样达到破坏。剔除法剔除了粒径较大的颗粒，从而间接性地增加了细颗粒的含量。在剪切初始阶段，轴向应力随着试样剪切逐渐增加，此时试样土体被不断挤压，直至粗颗粒孔隙被细颗粒所填满，此时偏应力即达到最大值，而后随着持续剪切作用，试样内部土体颗粒可能出现错位滑动或者颗粒破碎，从而出现偏应力逐渐减小的情况。

(3) 仔细观察可以发现，轴向应力与轴向应变关系曲线在局部出现了微小的波动现象。这是因为缩制后试验级配土料的颗粒之间主要以点接触为主，在剪切过程中接触点处会出现应力集中，当应力集中达到一定程度时，局部应力就会超过粗颗粒的自身强度及接触强度，从而发生颗粒破碎，紧接着颗粒之间产生相对滑移，引起应力的重新分布，此时应力应变曲线产生波动，随后试样在围压的作用下，颗粒之间发生重新排列，达到一个新的相对稳定状态。

(4) 试验对比发现，在同一围压下，通过剔除法得到的试验级配料的偏应力峰值均大于另外两种缩尺方法所得试验级配料的峰值；通过等量替代法缩尺得到的试验级配料的偏应力峰值最小。其中，围压在 2 000 kPa 时，剔除法所得试验级配料的偏应力峰值比等量替代法下的偏应力峰值提高约 49%，即使在差值最小的时候，剔除法所得级配料的偏应力最大值也比混合法下的偏应力最大值高 27%左右。分析可得，剔除法得到的试样其颗粒分布相对来说较为均匀，细颗粒含量较多，密度相对较大，粗颗粒之间的孔隙能够较好地被细颗粒所填满，因此在进行剪切试验时表现为更高的强度。

4.2.2　缩尺方法对粗粒土变形的影响

根据试验结果，整理各组试样的体积应变 ε_v 与轴向应变 ε_a 关系曲线，如图 4.3 所示。

由图 4.3 可以得出：

(1) 在剪切的初始阶段，体积应变 ε_v 随着轴向应变 ε_a 的增大逐渐增大，且均为正值，其中剔除法下的级配料随应变增大，体积应变增加速率最大。随着剪切试验的持续进行，各个试样的剪切变形特性有所不同，部分试样的体积应变一直为剪缩，另有一部分试样的体积应变在达到峰值之后开始逐渐减小，此时表现为剪胀。

剪胀性是存在于一切材料中的普遍现象，总的来说，粗粒土的剪胀性是由其结构性所引起，它主要是由于土颗粒在剪应力作用下重新排列而引起的塑性体积变化或变化趋势，通常是颗粒之间的咬合、颗粒之间的相对滑动、颗粒的形状及其取向和颗粒之间的刚性结构联系这 4 种效应的综合表现。粗颗

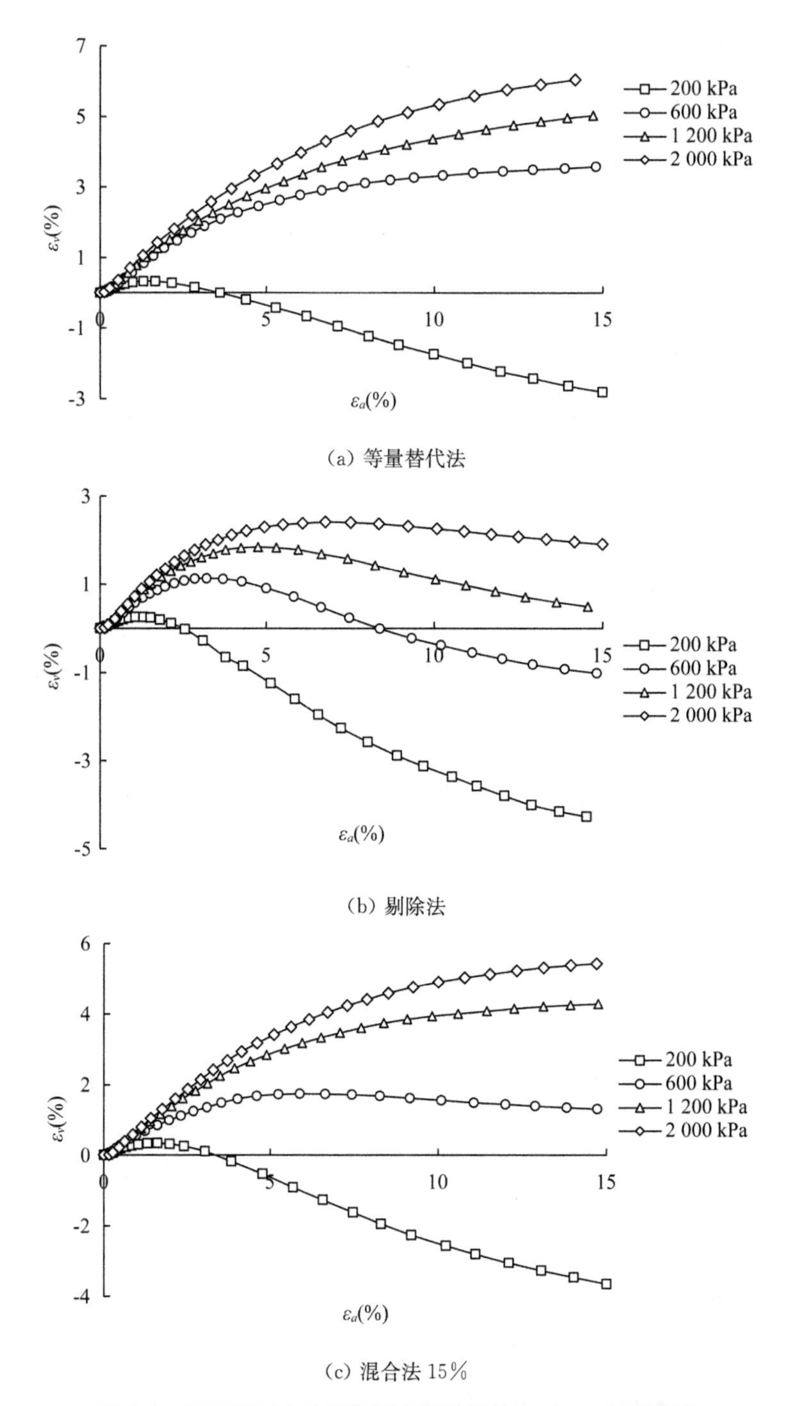

(a) 等量替代法

(b) 剔除法

(c) 混合法 15%

图 4.3　不同缩尺方法所得试验级配料的 ε_v 与 ε_a 关系曲线

粒在剪切作用下，为了产生相对的剪切位移，颗粒必须互相翻越或者抬起，从而引起土体产生正向剪胀性。而当土颗粒开始呈翻滚趋势时，颗粒之间的咬合作用依然存在，抗剪强度能够持续增加，当发生翻越之后，土体颗粒结构就会发生破坏，抗剪强度达到峰值，与图 4.1 所示中的轴向应力应变曲线对比可发现，抗剪强度达到峰值的点总是出现在剪胀的拐点之后。

(2) 3 种缩尺方法下所得试验级配料在低围压(200 kPa)下均表现出较明显的剪胀特性，其中通过剔除法进行缩尺得到的级配料剪胀性最为明显，其体积变形最大可达−4.26%，而等量替代法下所表现出来的剪胀程度相较于另外两种缩尺方法为最弱，其仅在围压为 200 kPa 时表现出剪胀性，且其体积应变最大仅达−2.81%。

通过剔除法得到的试验级配料，其制样干密度较大，土颗粒之间的孔隙能够有效被细颗粒所填充，剪切时表现为剪胀变形，在上一节应力应变曲线中表现为软化特征。等量替代法下的试验级配料则与之相反，其制样干密度小，试样粗颗粒含量多，土颗粒孔隙相对较大，故在剪切时主要表现为剪缩变形。

(3) 不同的缩尺方法对堆石料的变形特性影响较大。剔除法缩尺得到的试验级配料在不同的围压下表现为剪胀，在剪缩时体积应变最大仅为 2.42%；而等量替代法和混合法缩尺下的级配料，在剪缩时的体积应变最大则可分别至 6.15%和 5.43%。可见，不同的缩尺方法下的体积变形结果存在较大差异，而通过等量替代法进行缩尺进行的试验极有可能夸大了原级配的体积变形。

4.3　缩尺方法对粗粒土邓肯-张模型参数影响

描述土体的应力应变关系的数学模型有很多种，目前主要有两大类：一类是弹性模型，包括了线性弹性模型和非线性弹性模型，其中相对比较经典的是E-ν 模型和 K-G 模型；另一类是弹弹性模型，比较经典的有 Cambridge 模型、清华模型、沈珠江的双屈服面模型等。从实际的应用来看，弹塑性模型能较好地反映土的实际变形特征、内部机理、土体的硬化、软化和剪胀性质，具有非常广阔的发展前景，但是参数的求取相对较困难，计算过程复杂；弹性模型中非线性弹性模型既能比较好地模拟土体实际力学性质，又具有形式简洁参数少的特点，在工程计算分析中广泛采用该模型，因此很多学者对非线性弹性模型进行了研究，以此模型来分析土体的应力应变关系。

邓肯等人[111]先后提出了非线性弹性 E-ν 模型和 E-B 模型，由于其模型参数比较简单且定义清楚，每个试验参数都具有一定的几何意义和物理意义，并且能够通过三轴剪切试验结果获得各参数而被工程研究人员广泛应用。众所周知，模型参数对本构模型的建立极其重要，在进行数值计算时，参数的变化对数值计算的结果有着不可忽略的影响。下面将分析不同的缩尺方法对宽级配堆石料邓肯-张模型参数的具体影响。

4.3.1 邓肯-张模型参数确定方法

在邓肯-张 E-ν 模型中，切线弹性模量 E_t 和切线泊松比 ν_t 可用下式计算：

$$E_t = KP_a\left(\frac{\sigma_3}{P_a}\right)\times\left[1-\frac{R_f(\sigma_1-\sigma_3)(1-\sin\varphi)}{2c\cos\varphi+2c\sigma_3\sin\varphi}\right]^2$$

$$\nu_t = \frac{G-F\lg\left(\frac{\sigma_3}{P_a}\right)}{(1-A)^2} \tag{4.1}$$

$$A = \frac{D(\sigma_1-\sigma_3)}{KP_a\left(\frac{\sigma_3}{P_a}\right)\left[1-\frac{R_f(\sigma_1-\sigma_3)(1-\sin\varphi)}{2c\cos\varphi+2c\sigma_3\sin\varphi}\right]} \tag{4.2}$$

式中，P_a 为大气压力，单位为 kPa，R_f 为破坏比，K、n 为 E_t 的试验常数，G、F、D 为 ν_t 的试验常数。

在邓肯-张 E-B 模型中，用切线弹性模量 B_t 来代替切线泊松比 ν_t，用下式计算：

$$B_t = K_bP_a\left(\frac{\sigma_3}{P_a}\right)^m \tag{4.3}$$

式中，K_b、m 为 B_t 的试验常数。

E-ν 模型的参数为 c、φ、R_f、K、n、G、F、D；E-B 模型参数为 c、φ、R_f、K、n、K_b、m。c、φ 值的确定方法已在 1.2.2 节有所阐述，其他各个参数主要按照如下方法确定。

(1) 初始切线模量 E_i、破坏比 R_f 的确定。在直角坐标系中绘制 $\frac{\varepsilon_a}{\sigma_1-\sigma_3}-\varepsilon_a$ 关系曲线，可得到一条直线。E_i 为直线截距 a 的倒数，主应力差 $(\sigma_1-\sigma_3)_u$ 为直线斜率 b 的倒数；主应力差确定后，可以得到破坏比 $R_f=$

$(\sigma_1-\sigma_3)_f/(\sigma_1-\sigma_3)_u$，将不同围压时 R_f 取平均值，即可得到最终所用的参数 R_f。

(2) 参数 K、n 的确定。在双对数坐标上绘制 $\lg\frac{E_i}{P_a}-\lg\frac{\sigma_3}{P_a}$ 关系曲线，可得到一近似直线，该直线的斜率和截距数值分别为 n、K。

(3) 参数 G、F、D 的确定。在直角坐标系上绘制 $\left(-\frac{\varepsilon_r}{\varepsilon_a}\right)-(-\varepsilon_r)$ 关系曲线，同样得到一条近似直线，直线的截距和斜率分别为 f、D。截距 f 为初始泊松比 ν_i。在相同的坐标系上绘制出 $\nu_i-\lg\frac{\sigma_3}{P_a}$ 关系曲线，根据其截距和斜率即可得到 G、F。

(4) 参数 K_b、m 的确定。通过应力水平 $s=0.7$ 时的应力体变值计算出切线体积模量 B_i，在双对数坐标系上绘出 $\lg\frac{B_i}{P_a}-\lg\frac{\sigma_3}{P_a}$ 曲线，得到近似直线，m 为其斜率，K_b 为其截距。

4.3.2 缩尺方法对邓肯-张模型参数影响分析

为了更准确分析缩尺效应对粗粒土强度和变形特性的影响，我们整理根据三轴试验结果得到的不同缩尺方法下粗粒土的强度指标，见表 4.2。整理出不同缩尺方法下的邓肯-张模型参数，见表 4.3。

表 4.2 不同缩尺方法下粗粒土强度指标

缩尺方法	试样编号	线性强度指标		非线性强度指标	
		c(kPa)	φ(°)	φ_0(°)	$\Delta\varphi$(°)
等量替代法	DT_{60}	188.3	36.4	51.1	10.4
剔除法	TC_{60}	277.4	40.7	57.6	11.8
混合法	$HH_{15\text{-}60}$	186.7	37.0	51.6	10.3

表 4.3 不同缩尺方法下粗粒土邓肯-张模型参数

缩尺方法	试样编号	R_f	K	n	G	F	D
等量替代法	DT_{60}	0.92	1 889	0.09	0.40	0.18	0.54
剔除法	TC_{60}	0.68	1 725	0.21	0.40	0.15	4.18
混合法	$HH_{15\text{-}60}$	0.84	1 552	0.20	0.39	0.13	3.31

根据表4.2可知，通过剔除法缩尺所得的试验级配料的线性强度参数c和φ值为最大，而通过等量替代法和混合法缩尺的线性强度参数相差不大，但是比剔除法下的分别小32.1%和32.7%。同时，非线性强度参数也是剔除法缩尺下所得到的最大，比另外两种缩尺方法大10%左右。可见，缩尺方法的不同对宽级配堆石料的强度性质有着一定的影响，不同的缩尺方法所得到的强度指标是有所不同的，而通过剔除法进行缩尺所进行的试验，极有可能夸大了原级配土料的强度。

由表4.3可以得到，不同的缩尺方法会造成堆石料的邓肯-张模型参数有所差异。等量替代法下缩尺后所得试样的平均破坏比R_f、参数K均为3种缩尺方法中的最大值，分别为0.92和1 889；混合法缩尺时的K值最小，与等量替代法缩尺下的值相差337。可见等量替代法缩尺下试样对围压的依赖性较高。参数G、F、D无明显规律。另外根据5.3节中数据，我们发现在使用混合法时，当P_5含量为21%和26%时，参数K已经成为3种缩尺方法中最大值，因此有必要对不同P_5含量的试样展开研究，具体将在第五章进行阐述。

4.4 不同尺寸试样对试验结果的影响

在研究含有超径颗粒土料的强度与变形特性时，经常采用的是通过室内试验的方法。上文已经指出粗粒土颗粒粒径变化幅度非常大，我们进行试验的第一步必须对原级配曲线进行缩尺，使颗粒粒径达到室内试验仪器允许的范围之内才能进行试验。目前针对堆石料通过室内试验研究缩尺效应时经常使用的仪器是中型三轴剪切仪、大型三轴剪切仪和超大型三轴剪切仪，但是鉴于超大型仪器造价昂贵等条件限制，大多数学者进行研究时经常使用的是中型和大型三轴剪切仪。其中中型三轴剪切仪的试样尺寸一般为直径101 mm、高度200 mm，大型三轴剪切仪的试样尺寸为直径300 mm，高度600～750 mm不等。即便使用相同级配的试验土料，采用不同尺寸的仪器进行试验，最终得到的强度性质、应力应变性质会有一定的差异，一般将这种现象称作试样的尺寸效应。为了更全面地研究缩尺效应，试验时当选用相同级配的试验土料，不同的试样尺寸对粗粒土剪切试验的结果有何影响是非常值得探究的。

周江平等[112]以土工试验中广泛采用的大、中、小尺寸抗剪强度测试试验为基础，对土体强度进行统计分析以及蒙特卡洛模拟，发现当用不同尺寸的试样进行试验时，就会得到不同强度值；当试件的尺寸较大时，强度参数开始趋于稳定，此时试样强度更具有代表性。梅迎军等[35]通过在不同尺寸下对砂砾石混合料进行三轴试验和承载力试验，研究得出在条件允许的时候，应该选择加大仪器尺寸来探究砂砾石的变形特性，其认为大规格的仪器在某种程度上是可以消除由尺寸效应所造成的试验结果的差异。另有其他学者[113-114]针对试样的尺寸效应问题进行了研究，但是目前对其影响并不能定量评估。

另外，大型三轴剪切仪允许的试样最大颗粒直径为 60 mm，可知其试样体积较大，进行制样装样时都比较费时费力，中型三轴剪切仪允许试样的最大粒径为 20 mm，相同级配的试验土料在中型三轴剪切仪上进行试验时，会需要更少的土料，进行试验时相对来说更为方便。是否可以直接用中型三轴剪切仪来代替大型三轴剪切仪进行剪切试验，提高试验效率，降低研究人员的试验难度可为考虑的替代方案。

综上，本节选用通过混合法缩尺后得到的最大颗粒粒径为 20 mm 的试验级配土料，分别在大型三轴剪切仪（试样直径 300 mm、高度 600 mm）和中型三轴剪切仪（试样直径 101 mm、高度 200 mm）上进行试验，来探究不同尺寸的试样对粗粒土强度变形特性的影响。

4.4.1　不同尺寸试样应力应变特性探究

不同尺寸试样的三轴试验剪切结果如图 4.4 所示，其中大三轴指在大型三轴剪切仪上进行的试验，中三轴指在中型三轴剪切仪上进行的试验。试验后整理出的不同尺寸试样在各个围压下的偏应力峰值见表 4.4。

由图 4.4 可知，不同围压下的大三轴和中三轴试样的$(\sigma-\sigma)-\varepsilon_a$关系除了大小存在差异，总体上是比较相似的。在低围压，也就是围压为 200 kPa、600 kPa 时，应力应变曲线均表现为应变软化型，随着剪切的进行，其偏应力逐渐上升到峰值后又呈下降趋势；当围压较高时，也就是 1 200 kPa、2 000 kPa 时，各应力应变曲线均呈现硬化型，其偏应力随着轴向应变的增大持续增大。由表 4.4 可以看出，在同一围压下，小尺寸试样的偏应力峰值只有在围压为 200 kPa 时略小于大尺寸试样，在其他 3 个围压下小尺寸试样峰值均大于大尺寸试样，但是整体上相差不大，最高时峰值强度也只提高了 13%。在低围压时出现此异常现象，可能和制样时对试样的人工扰动有关，由于粗颗粒料的特殊性，试验土料是否搅拌均匀、击实中产生的颗粒破碎等均会对结果产生一定的影响。

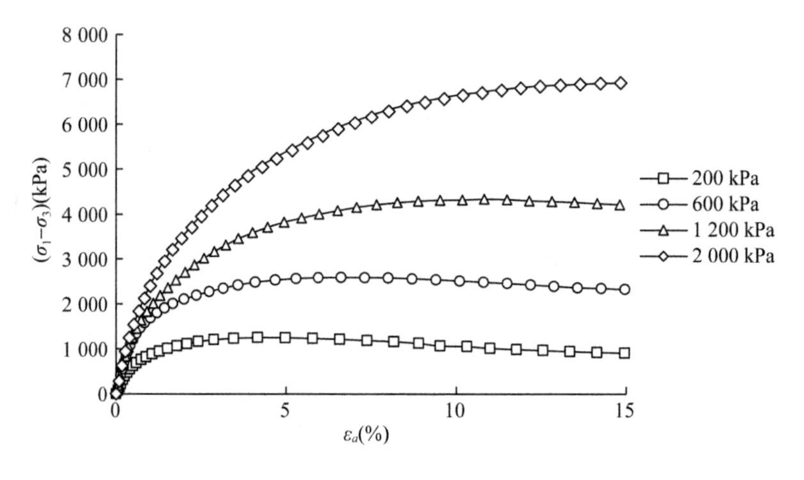

(a) 大三轴应力应变曲线

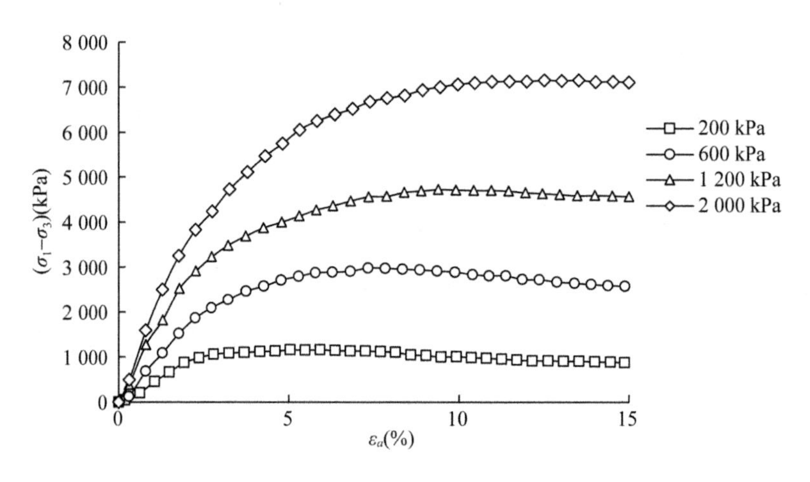

(b) 中三轴应力应变曲线

图 4.4 不同尺寸试样应力应变曲线

表 4.4 不同尺寸试样不同围压下偏应力峰值

试样	偏应力峰值(kPa)			
围压	200	600	1 200	2 000
大三轴	1 253.7	2 583.0	4 332.4	6 929.2
中三轴	1 158.4	2 984.4	4 723.9	7 153.6

试验后整理出不同尺寸试样的体积应变(ε_v)-轴向应变(ε_a)曲线，如图 4.5 所示。

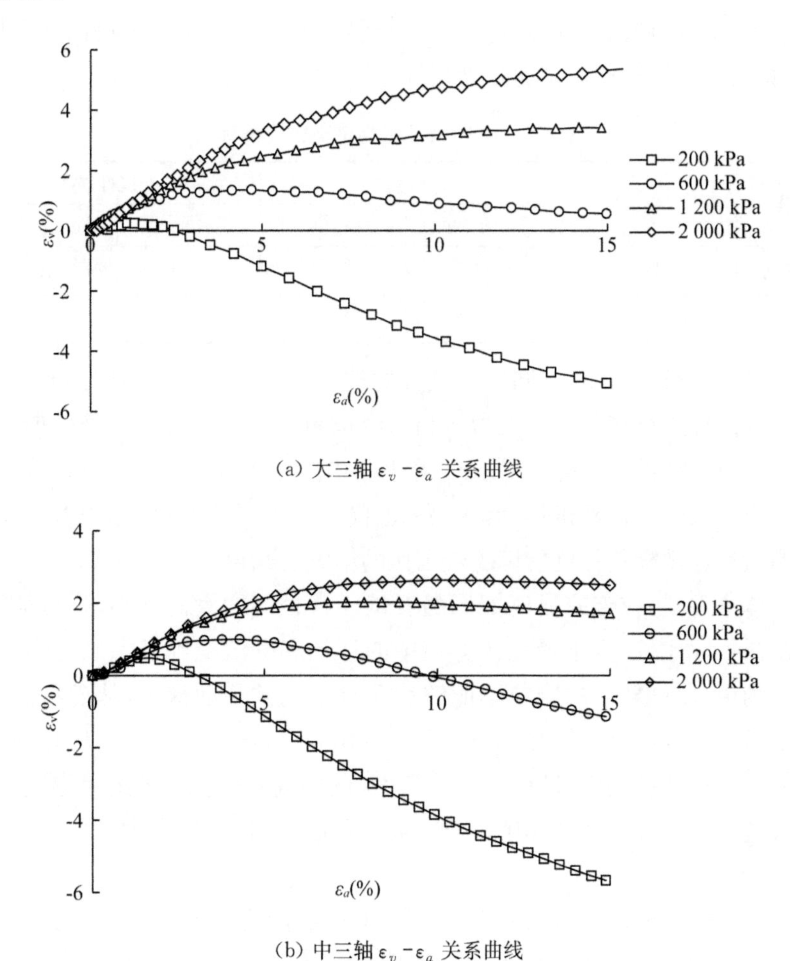

(a) 大三轴 $\varepsilon_v-\varepsilon_a$ 关系曲线

(b) 中三轴 $\varepsilon_v-\varepsilon_a$ 关系曲线

图 4.5　不同尺寸试样 $\varepsilon_v-\varepsilon_a$ 关系曲线

由图 4.5 可以看出，大尺寸试样在围压为 200 kPa 和 600 kPa 时，试样均发生了明显的剪胀，而在更高围压的时候，试样在剪切过程中持续剪缩；小尺寸试样不仅在低围压时发生了剪胀(体积应变达到 5.7%)，即使在较高围压下也表现出略微的剪胀。在围压相同时，大尺寸试样的体积应变均大于小尺寸试样。土力学中我们规定体积压缩时为正，对于有剪胀性试样，体积应变值越大表示剪胀性越弱，因此可以认为小尺寸试样的剪胀性比大尺寸试样更强，即试样直径越大，剪胀性越弱。

4.4.2 不同尺寸试样粗粒土强度及变形差异探究

为了探究试样的尺寸对抗剪强度有何影响，根据摩尔库伦提出的强度理论，计算出三轴固结排水抗剪强度指标，见表 4.5 所示。

表 4.5 不同尺寸试样抗剪强度指标

试样	试样编号	线性强度		非线性强度	
		c(kPa)	φ(°)	φ_0(°)	$\Delta\varphi$(°)
大三轴	$HH_{21.20}$	127.2	37.6	51.1	10.0
中三轴	$HH_{21.20\text{-}小}$	193.1	38.8	51.0	8.4

由表 4.5 可以得出，不同尺寸试样的抗剪强度指标存在一定差异。大尺寸试样的线性强度指标中黏聚力 c 和内摩擦角 φ 均比小尺寸试样的值要小，其中 c 比小尺寸试样下降了 34%。对于非线性强度指标 φ_0 和 $\Delta\varphi$，大尺寸试样的数值均大于小尺寸试样，其中 $\Delta\varphi$ 也仅相差 1.6°左右，虽然相差不大，但是说明大尺寸试样的强度指标随着围压的增大衰减得要更快一些。

总体来看，粗粒土的强度指标随着试样直径的增大而减小，这可能是因为当试样尺寸比较小，土颗粒在剪切中的移动和翻滚受到了限制，并且由于仪器的约束，使试样中的颗粒不能够按照正常的破坏面滑动，从而得到更大的强度值。另外，在试样的最大粒径 d_{max} 相同时，试样直径的不同也造成其端部的约束存在差别，当试样的尺寸变大，试样端部所存在的约束影响变小，剪切强度受到端部约束的作用相对变弱，因此当试样直径变大时整体的强度反而有所降低。

为了研究试样尺寸对粗粒土变形特性的影响，整理出不同尺寸试样在不同的围压下的初始切线模量 E_i 如图 4.6 所示。根据土工原理中介绍，其中 E_i 定义为，当 ε_a 为 0 时，$(\sigma_1-\sigma_3)$-ε_a 的关系曲线切线斜率。

由图 4.6 可以直观看出，在不同围压下，大尺寸试样的 E_i 均高于小尺寸的试样，在低围压下 E_i 值相差比较大，但是随着围压的增大，初始切线模量 E_i 之间的差异在逐渐变小，与朱俊高等[113]得出的结论类似。由于土工试验本身具有一定的离散性，试样受剪切之前的接触情况对初始切线模量的影响很大。如果在剪切读数开始之前，试样已经有了不同程度的受力，那么最终所确定的模量就有一定误差，所以上述规律只可作为探索粗粒土不同尺寸试样差异的初步结论。

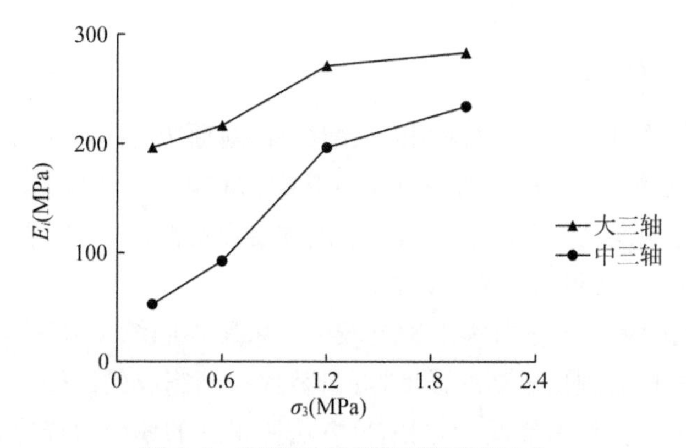

图 4.6　不同尺寸试样不同围压下 E_i

4.5　缩尺方法的对比与分析

采用规范中规定的 3 种缩尺方法，即等量替代法、剔除法、混合法，对原宽级配粗粒土进行缩尺后进行室内三轴剪切试验。经研究发现，不同的缩尺方法所得试样的试验结果有所不同。由于每种缩尺方法的过程不同，使得不同的缩尺方法都存在一定的最优使用条件。

用等量替代法进行缩尺时，根据规范要求，不管对于原级配粗粒土还是缩制后的试验级配土料，以 5 mm 的颗粒为界限来划分粗颗粒与细颗粒，针对粗粒土，由于其粒径分布比较广，最大颗粒粒径要比一般粗粒土大得多，那么在对其采用等量替代法进行缩尺后，可能会出现级配连续性较差的情况，因此在进行粗粒土室内试验研究时，应该考虑粗细颗粒划分的界限是否有可能取其他值。

用剔除法进行缩尺时，优点是使用非常方便，其主要是剔除粒径较大(超粒径)颗粒，但是这一方法对于粗粒土似乎不太适用，由于粗粒土大粒径颗粒较多，使用剔除法后使细颗粒含量大量增加，经过缩尺后得到的级配与原级配有非常大的差异，这可能在一定程度上会改变原级配粗粒土的力学性能，因此针对粗粒土进行室内试验研究时，建议尽量避免选用剔除法。

采用混合法进行缩尺时，先通过相似级配法进行缩尺，使得粒径小于 5 mm 颗粒含量不大于 30%，然后再用等量替代法进行缩尺，这可以很好地考虑缩尺后级配土料粗细颗粒含量的变化，缩制后的级配曲线也较平滑及颗粒分布均匀，但是由于混合法缩尺时选择不同的比尺将会导致粒径小于 5 mm 颗粒含量不同，下一章将详细讨论粒径小于 5 mm 颗粒含量对缩尺效应的影响。

4.6 本章小结

本章采用 3 种缩尺方法(除相似级配法外)对原级配粗粒土进行室内三轴试验,其混合法缩尺时,选择的是粒径小于 5 mm 颗粒含量为 15%时的试样。对不同缩尺方法所得试验级配土料的强度和变形特性,以及对邓肯-张模型参数进行了分析,主要得出以下结论:

(1) 不同的缩尺方法对强度影响较大。采用不同缩尺方法缩尺,剔除法缩制而成的试样表现出更高的强度,等量替代法缩制成的试样在各个围压下的偏应力峰值强度均为最低,不同缩尺方法所得到的偏应力峰值强度的差值最大达到 49%;而通过混合法所得到的试样其强度居中。这是和不同缩尺方法的特点有关,剔除法因为提出了原级配的超粒径颗粒,这相当于间接性增大了缩制后级配料的细颗粒含量,从而提高了试样的强度。

(2) 缩尺方法对粗粒土的特性影响较大。剔除法缩制而成的试样在不同围压下均表现为剪胀,这和剔除法使细颗粒土增多有关。等量替代法和混合法缩制而成的试样在剪缩时表现出体积应变较大,分别可达到 6.15%、5.43%,远大于剔除法剪缩时的 2.42%。可以得出,当采用等量替代法进行缩尺得到的试验结果,非常有可能夸大原级配粗粒土的体积变形。

(3) 不同缩尺方法所得邓肯-张模型参数有所不同。不同缩尺方法缩制成的试样其平均破坏比 R_f 大小为:剔除法的最小,等量替代法最大。混合法缩制后的试样 K 值最小,等量替代法所得的 K 值最大。进行有限元计算时,参数差异对最终的结果有较大影响,因此要慎重选择缩尺方法。

(4) 针对同一粒径,不同尺寸的试样进行的试验对结果有一定影响。对混合法缩尺后最大粒径 d_{max} 为 20 mm 的级配土料,小尺寸试样(中三轴)可以得到更大的强度,而且小尺寸试样的强度随围压升高衰减得较慢。

(5) 不同尺寸试样的初始切线模量 E_i 随着围压的增大均持续增大,且针对粗粒土,E_i 的差距随围压增大逐渐减小,并且大尺寸试样的 E_i 始终比小尺寸试样的 E_i 值大。综合(4)和(5)可知,当选用不同的试验仪器进行缩尺效应的研究时,应该尽量选择直径较大尺寸试样进行试验,以免过度高估原级配粗粒土的强度。

(6) 基于试验结果,对等量替代法、混合法、剔除法缩尺方法进行评价讨论后得出等量替代法和剔除法两种缩尺方法对粗粒土不太适用。

第5章 基于混合法的粗粒土缩尺效应探究

5.1 引言

根据规范中的要求，混合法这一缩尺方法是先采用相似级配法通过适当的比尺缩小，使土颗粒粒径小于5 mm土的质量不大于总质量的30%，此时如果仍然有超粒径颗粒，再选用等量替代法进行缩尺得到最终的试验级配，这一做法很好地考虑了土体粗颗粒和细颗粒含量的变化，因此认为通过混合法缩尺得到的试验级配土料与原级配土料之间有更大的相似度，从而被更多的学者所采用。但正是混合法混合了相似级配法和等量替代法这两种缩尺方法，使得进行混合法缩尺时有一定的不确定性，当进行混合法的第一步也就是通过相似级配法进行缩尺时，要求是控制土颗粒粒径小于5 mm土的质量不大于总质量的30%($P_5 \leqslant 30\%$)，要知道可以满足这一条件的比尺并不是唯一的，比如可以选择比尺为6、7或者8进行相似级配法缩尺，而后再通过等量替代法进一步缩尺。虽然都是混合法得到的试验级配土料，但是最终得到的土体级配曲线还是有很大差别。那么针对粗粒土，当采用混合法进行缩尺时，当缩尺后最大颗粒粒径d_{max}不同存在何种缩尺效应，以及小于5 mm土的含量不同对最终的试验结果是否有影响都非常值得探究。

为了更全面地探究使用混合法对粗粒土进行缩尺时，可能存在的缩尺效应，本章将着重从两个方面开展研究，一是探究在混合法缩尺方法下，缩尺后试验级配料的最大粒径d_{max}对粗粒土强度变形特性的影响；二是探究在混合法缩尺下，当选用不同的比尺进行相似级配法缩尺，也就是小于5 mm的颗粒(P_5)的含量不同时，对粗粒土强度及变形特性有何影响。

5.2 最大粒径对粗粒土强度及变形特性的影响

5.2.1 试验结果

根据2.6节的试验方案，基于混合法的缩尺方法，探究颗粒最大粒径d_{max}

对粗粒土强度及变形特性的影响。由于混合法进行缩尺时，是先通过相似级配法进行缩尺，然后再通过等量替代法进行缩尺，因此在进行相似级配法缩尺时选用不同的缩尺比例最终会出现不同的级配曲线。在本节中进行混合法缩尺时，相似级配法缩尺比尺选取为8，混合法缩尺后试验级配料小于5 mm 的颗粒含量(P_5)为 21%。

在大型三轴试验仪上进行试样最大粒径分别为 60 mm、40 mm、20 mm的固结排水抗剪试验，试样直径为 300 mm，高度为 600 mm。将 3 组不同最大粒径试样的轴向应力($\sigma_1-\sigma_3$)和轴向应变 ε_a 关系曲线绘制于图 5.1 中，将体积应变 ε_v 和轴向应变 ε_a 关系曲线绘制于图 5.2 中。

根据图 5.1 和图 5.2 可得如下结论：

(1) 混合法缩尺下，不同最大粒径 d_{max} 的应力应变曲线绝大部分呈应变软化型，即随着轴向应变的增加，偏应力首先逐渐上升达到峰值强度，而后又呈缓慢下降的趋势。最大粒径 d_{max} 为 60 mm 的试样，其应力应变曲线全部呈较为明显的软化型，但是 d_{max} 为 40 mm 和 20 mm 的试样，在高围压即 2 000 kPa 时，偏应力随着轴向应变的增加持续增大，直至试样破坏，其应力应变关系曲线呈明显的硬化型。分析可知，当缩尺后最大粒径为 40 mm、20 mm 时，其试验土料级配较为良好，颗粒分布相对 d_{max} 为 60 mm 的试样更为均匀，细颗粒能够有效地填充进粗颗粒之间的孔隙，试样在高围压下，随着剪切的进行，试样的土颗粒之间能够一直保持较大的咬合力，从而被持续压缩，表现出较高的破坏强度。

(2) 不同最大粒径 d_{max} 的体积应变-轴向应变曲线也有较为明显的差异。最大粒径为 60 mm 和 40 mm 的试样，在围压为 200 kPa 和 600 kPa 进行剪切时，都表现出较为明显的剪胀，其体积应变分别达到−4.91%和−4.58%；最大粒径为 20 mm 的试样，仅在 200 kPa 时表现出明显的剪胀，其体积应变达到−5.07%，而在围压达到 600 kPa 时试样仅有略微的剪胀。当围压为 1 200 kPa 和 2 000 kPa 时，不同最大粒径的试样均表现为明显的剪缩，即试样随着剪切的进行，试样持续被压缩直至被破坏。

5.2.2 试验结果探究

根据试验结果进行整理，列出不同最大粒径 d_{max} 试样的强度指标见表 5.1，不同最大粒径 d_{max} 试样的邓肯-张模型参数见表 5.2。

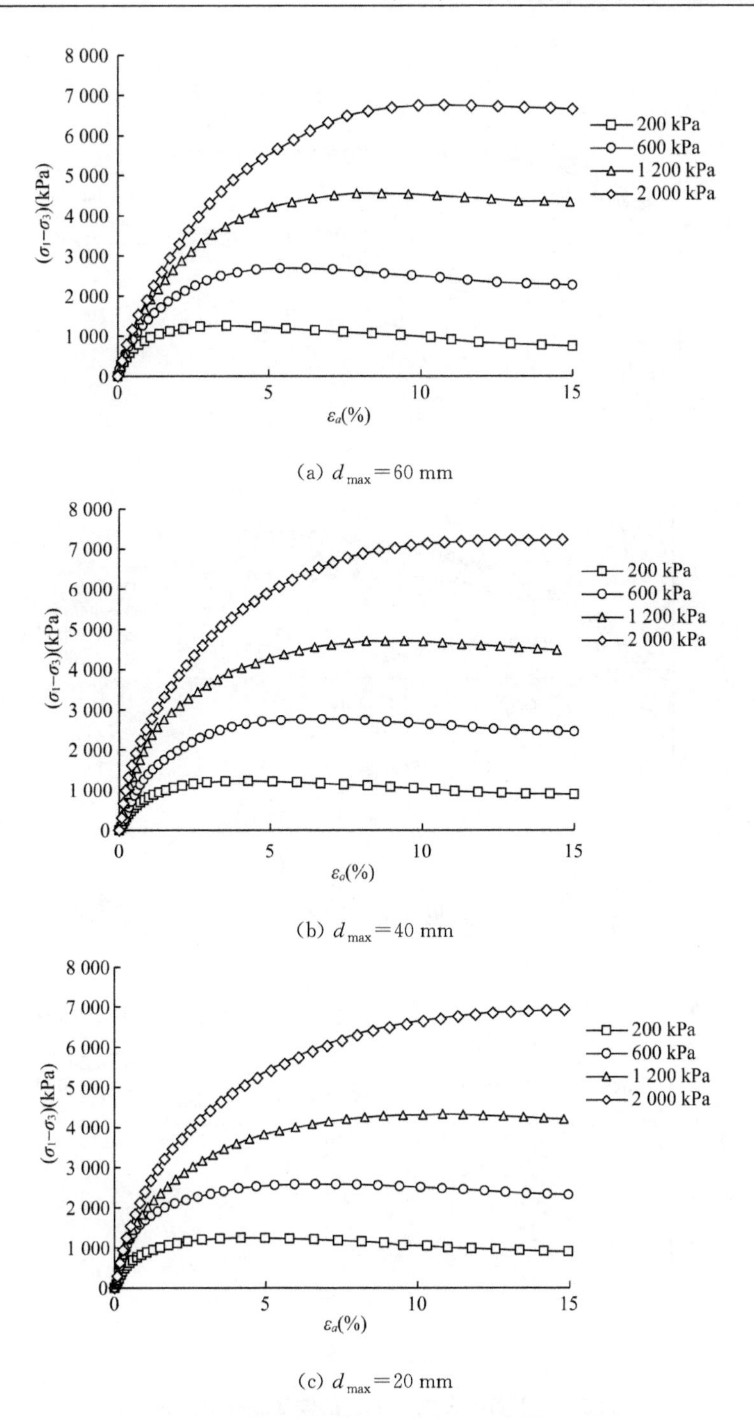

(a) $d_{max}=60$ mm

(b) $d_{max}=40$ mm

(c) $d_{max}=20$ mm

图 5.1　不同最大粒径 d_{max} 的应力应变关系曲线

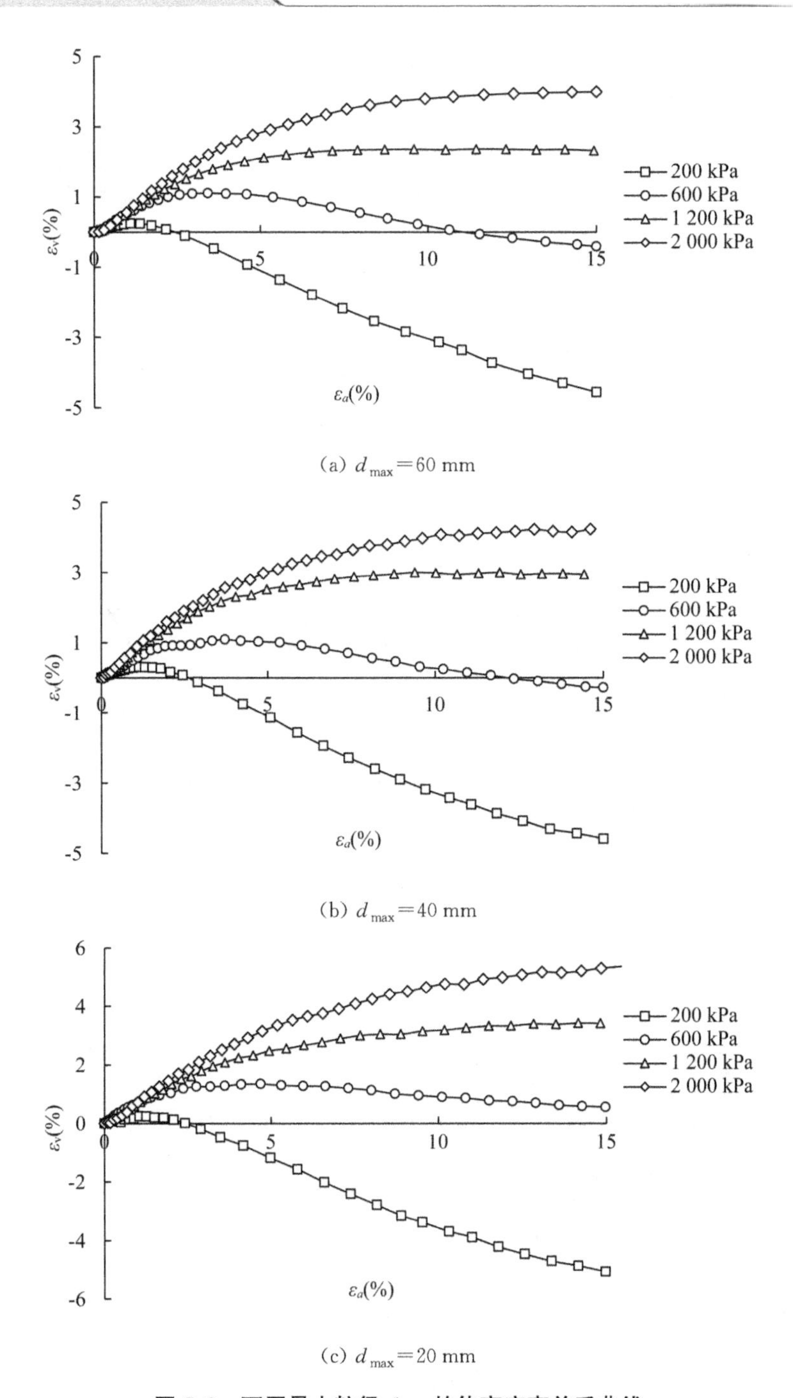

(a) $d_{max}=60$ mm

(b) $d_{max}=40$ mm

(c) $d_{max}=20$ mm

图 5.2　不同最大粒径 d_{max} 的体变应变关系曲线

表 5.1　不同最大粒径 d_{max} 的强度指标

试样编号	最大粒径(mm)	线性强度		非线性强度	
		c(kPa)	φ(°)	φ_0(°)	$\Delta\varphi$(°)
$HH_{21\text{-}60}$	60	199.08	37.5	52.2	10.4
$HH_{21\text{-}40}$	40	164.35	38.9	51.4	8.9
$HH_{21\text{-}20}$	20	127.18	37.6	51.2	10.0

表 5.2　不同最大粒径 d_{max} 的邓肯-张模型参数

试样编号	最大粒径(mm)	R_f	K	n	G	F	D
$HH_{21\text{-}60}$	60	0.80	2 649	0.12	0.41	0.12	0.88
$HH_{21\text{-}40}$	40	0.79	2 081	0.14	0.34	0.15	4.21
$HH_{21\text{-}20}$	20	0.87	1 701	0.17	0.32	0.12	6.79

由表 5.1 可得，最大粒径对线性强度指标 c 值影响比较显著，随着颗粒最大粒径 d_{max} 的减小，c 值呈逐渐减小趋势，但是发现当 d_{max} 从 60 mm 到 40 mm 时，c 值下降了 28.8%，而当 d_{max} 从 40 mm 到 20 mm 时，c 值仅下降了 4.0%，随着最大粒径的减小，d_{max} 对黏聚力 c 的影响逐渐减小。当最大粒径从 60 mm 变化到 40 mm 时，线性强度指标内摩擦角 φ 值增大了 1.4°，而当最大粒径从 40 mm 变化到 20 mm 时，φ 值减小了 1.3°，φ 值除了在最大粒径为 40 mm 时突然增大，在另外两组试验中 φ 值均没有大的变化。

整理出线性强度指标 c 与最大粒径 d_{max} 之间的关系，如图 5.3 所示，发现黏聚力 c 与最大粒径 d_{max} 之间呈较好的幂函数关系，故 c 与 d_{max} 之间的近似关系可表示为：

$$c = A_2 d_{max}^{B_2} \tag{5.1}$$

式中，参数 A_2、B_2 的取值分别为 37.70、0.40。

非线性强度指标随最大粒径的变化没有呈现出规律性的变化。φ_0 在最大粒径为 60 mm 时数值最大为 53.5°，而当最大粒径变小时，φ_0 值虽然有所减小，但是 d_{max} 为 40 mm 和 20 mm 时 φ_0 值相差仅 0.4°；当最大粒径逐渐减小，$\Delta\varphi$ 同样也呈现出先减小后又略微增大，可见在最大粒径为 60 mm 或者 20 mm 时，强度衰减较快，这可能是和缩尺后级配颗粒之间的组成有关。

由表 5.2 可以看出，邓肯-张模型参数破坏比 R_f 在粒径较大时相差不大，基本都控制在 0.8 左右，但在最大粒径为 20 mm 时，R_f 达到 0.87，说明在

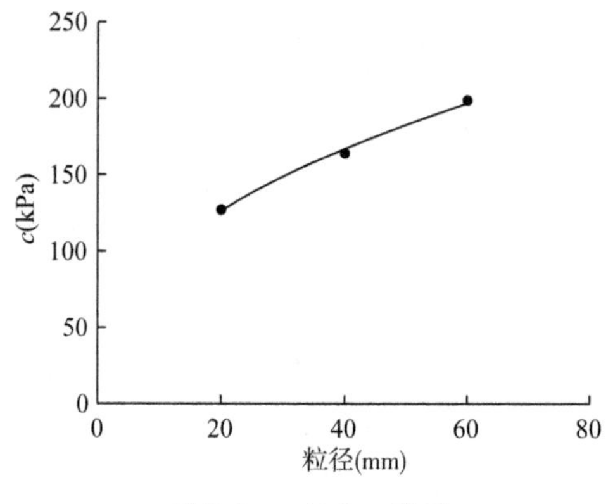

图 5.3　c 与 d_{max} 关系

粒径较小时，应力应变的软化性可能相对弱一些。参数 K 随着最大粒径 d_{max} 的减小而逐渐减小，且减小的幅度随着粒径的减小逐渐降低。参数 n 随着粒径的减小呈逐渐增大的趋势，可见颗粒直径越小，其受到围压影响的程度越大。

5.2.3　初始切线模量和最大粒径的关系

整理出通过同一种缩尺方法进行缩尺，不同最大粒径下 3 种试验级配土料在三轴固结排水剪切试验中的初始切线模量 E_i，发现不同最大粒径下的初始切线模量 E_i 与围压 σ_3 呈较好的线性关系，如图 5.4 所示。为了能够定量分析最大粒径 d_{max} 对初始切线模量 E_i 的影响，因此用直线 $E_i/p_a = A_3(\sigma_3/p_a)+B_3$ 对两者进行拟合，得到不同最大粒径 d_{max} 下对两者关系进行拟合的参数 A_3 和 B_3 的值如表 5.3 所示。

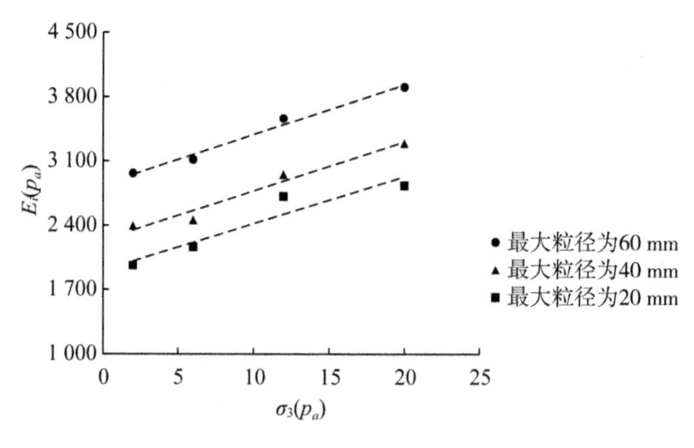

图 5.4　E_i 与 σ_3 关系

表 5.3 参数 A_3、B_3 数值

最大粒径(mm)	A_3	B_3
60	54.52	2 842
40	53.44	2 241
20	51.08	1 909

根据拟合结果发现，斜率 A_3、截距 B_3 均随最大粒径 d_{max} 变化，在图像上点绘出 A_3 与 d_{max} 和 B_3 与 d_{max} 的关系，如图 5.5 所示，发现 A_3、B_3 与 d_{max} 之间也呈现出良好的线性关系。具体表达式如下：

$$A_3 = a_3 d_{max} + b_3 \tag{5.2}$$

$$B_3 = g_3 d_{max} + h_3 \tag{5.3}$$

式中，参数 a_3、b_3、g_3 和 h_3 的值分别为 0. 086 00、49. 58、23. 34 和 1 397。

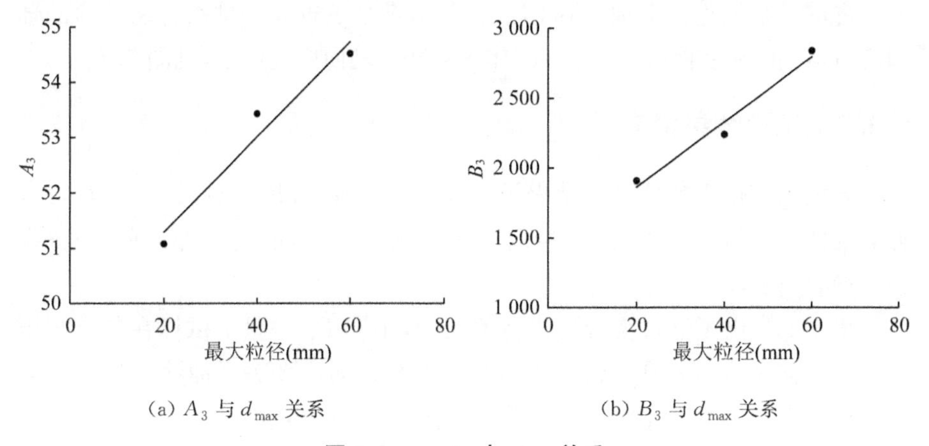

(a) A_3 与 d_{max} 关系　　(b) B_3 与 d_{max} 关系

图 5.5 A_3、B_3 与 d_{max} 关系

因此，初始切线模量随最大粒径之间的关系可用下式近似表示：

$$E_i/p_a = (a_3 d_{max} + b_3)(\sigma_3/p_a) + g_3 d_{max} + h_3 \tag{5.4}$$

式中，初始切线模量 E_i 和围压 σ_3 的单位均为 MPa，d_{max} 单位为 mm，p_a 为 0. 1 MPa。参数 a_3、b_3、h_3 和 g_3 的值如上所述。由式(5. 4)可以得出，在三轴固结排水剪切试验中，缩尺后的试验级配土料其最大粒径 d_{max} 每增大 10 mm，该级配土料初始切线模量的增大量为 $0.86\sigma_3 \pm 23.34$。在对应围压为 0. 2 MPa、0. 6 MPa、1. 2 MPa 和 2 MPa 时，最大粒径 d_{max} 每增大 10 mm，则初始切线模量的对应增大值为 23. 36 MPa、23. 41 MPa、23. 51 MPa 和 23. 68 MPa。利用式(5. 4)可以推算出在

给定最大粒径 d_{max} 的不同围压下的初始切线模量 E_i，比如，d_{max}=100 mm 时，粗粒土在围压为 200 kPa、600 kPa、1 200 kPa 和 2 000 kPa 下的 E_i 分别为 384.7 MPa、408.0 MPa、442.9 MPa 和 489.5 MPa。

5.3 P_5 含量对粗粒土强度及变形特性的影响

5.3.1 试验结果

根据 2.6 节中试验方案，将原级配粗粒土基于混合法缩制成最大颗粒粒径为 60 mm 的土料，使得缩制后小于 5 mm 颗粒（P_5）含量分别为 15%、21% 和 26%，控制相同相对密度为 0.9，对应的制样干密度 ρ_d 分别为 1.98 g/cm^3、2.03 g/cm^3 和 2.06 g/cm^3，对应的采用相似级配法进行缩尺时所用的比尺分别为 5、8、12，试验围压为 200 kPa、600 kPa、1 200 kPa 和 2 000 kPa。

将试验结果进行整理，不同 P_5 含量下常规三轴固结排水剪切试验的轴向应力与轴向应变曲线，见图 5.6，体积应变与轴向应变曲线，见图 5.7。

5.3.2 试验结果探究

三轴固结排水剪切试验结果进一步整理，将混合法下不同 P_5 含量时试样的线性强度指标和非线性强度指标列于表 5.4，不同 P_5 含量时的邓肯-张模型参数列于表 5.5。

图 5.6 列出了通过混合法进行缩尺时，不同 P_5 含量下试样在各个围压下进行三轴固结排水剪切试验的轴向应力与轴向应变关系曲线。从轴向应力与轴向应变关系曲线的形态上看，在围压为 200 kPa 和 600 kPa 时，曲线的形态差异不大，均表现为明显的软化特征，并且随着 P_5 含量的增大，软化特征表现得越来越明显。随着围压的不断增加（1 200 kPa 和 2 000 kPa），只有 P_5=15%时的应力应变曲线表现出明显的硬化特征，其余部分均表现为不太明显的软化特征。同时发现，在同一 P_5 含量下，随着围压的增加，各试样的峰值强度逐渐增加；在同一围压下，随着 P_5 含量的增加，各试样的峰值强度同样也在逐渐增加。上述现象的产生，主要是由于级配缩尺后，试验级配土料的粗细颗粒之间充填关系发生了变化，试验级配土料中细颗粒随着 P_5 含量的增加而增加，土体粗细颗粒之间的组合逐渐往更佳的情况发展。值得说明的是，当 P_5 含量从 21%增加到 26%时，各个围压下峰值强度的增量是普遍小于 P_5 含量从 15%增加到 21%的情况。

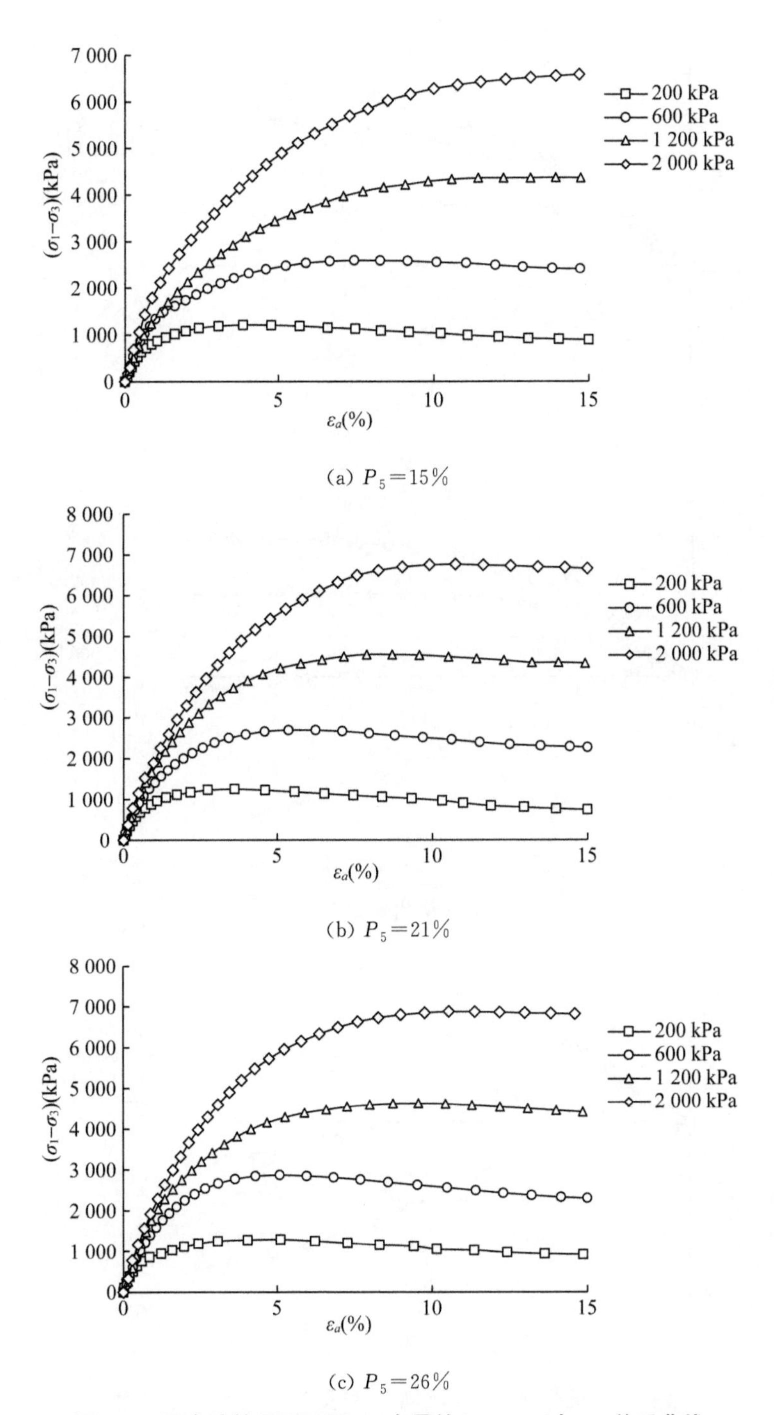

(a) $P_5=15\%$

(b) $P_5=21\%$

(c) $P_5=26\%$

图 5.6　混合法缩尺下不同 P_5 含量的 $(\sigma_1-\sigma_3)$ 与 ε_a 关系曲线

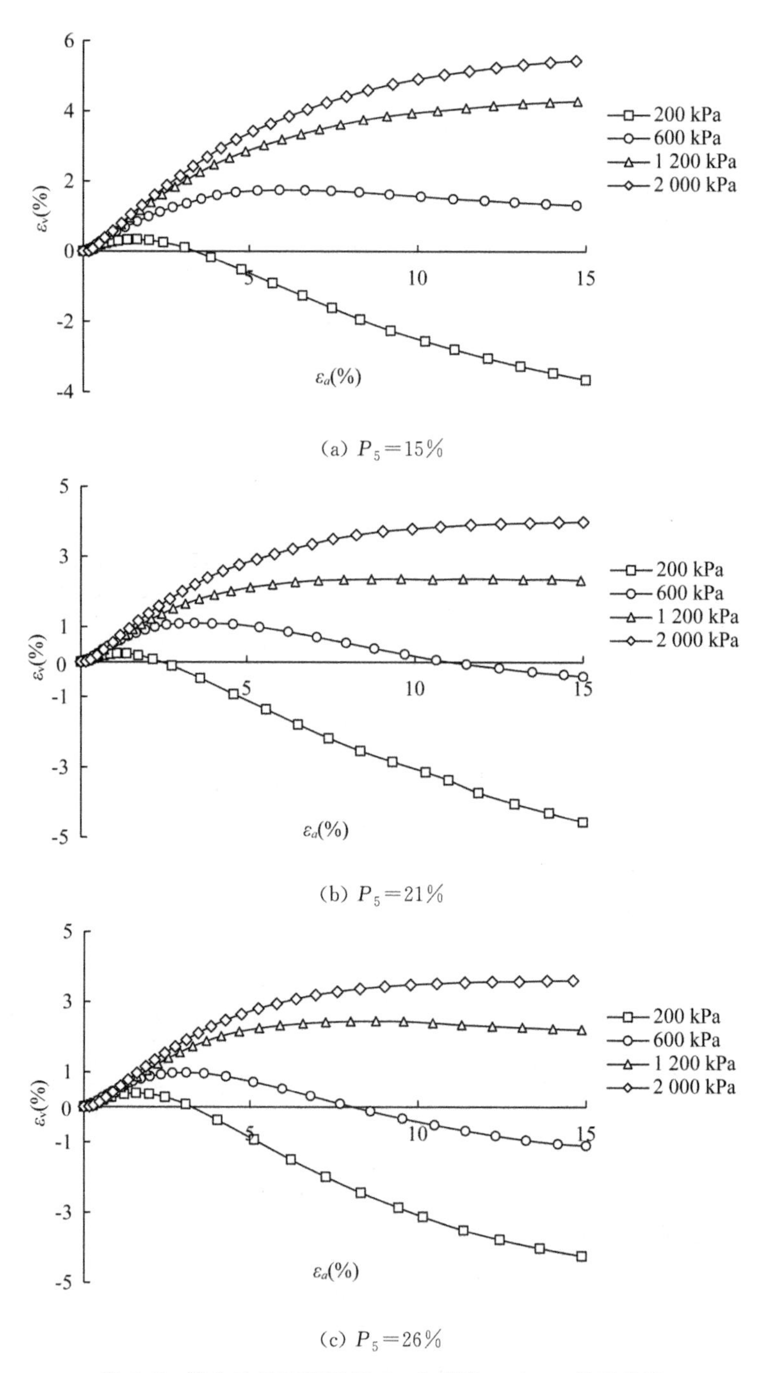

(a) $P_5=15\%$

(b) $P_5=21\%$

(c) $P_5=26\%$

图 5.7 混合法缩尺下不同 P_5 含量的 ε_v 与 ε_a 关系曲线

表 5.4　不同 P_5 含量时试验土料强度指标

试样编号	P_5 含量(%)	线性强度		非线性强度	
		c(kPa)	φ(°)	φ_0(°)	$\Delta\varphi$(°)
$HH_{15\text{-}60}$	15	186.7	37.0	51.6	10.3
$HH_{21.60}$	21	199.1	37.5	52.2	10.4
$HH_{26\text{-}60}$	26	219.3	37.7	52.9	10.6

表 5.5　不同 P_5 含量时的邓肯-张模型参数值

试样编号	P_5 含量(%)	R_f	K	n	G	F	D
$HH_{15\text{-}60}$	15	0.84	1552	0.20	0.39	0.13	3.31
$HH_{21.60}$	21	0.80	2649	0.12	0.41	0.12	0.88
$HH_{26\text{-}60}$	26	0.77	3402	0.08	0.42	0.08	1.02

进一步观察发现，在围压为 200 kPa 时，不同 P_5 含量(可以理解为不同缩尺方法)引起的峰值强度差异较为明显，最大差值变化比例达到 6.3%。当围压达到 2 000 kPa 时，不同 P_5 含量所引起的强度差异减小为 4.4%。随着围压的逐渐增大，在剪切应力作用下，试样的粗、细颗粒能够较好地咬合从而形成骨架作用，粗颗粒的棱角则不易出现应力集中现象，级配之间差异对试样强度的影响也就表现得越来越不明显。由于在较低围压时，试样峰值强度变化较大，但在高围压下，试样峰值强度差异比较小；在强度指标上，则表示为黏聚力 c 值逐渐增大。

图 5.7 示出了通过混合法进行缩尺时，不同 P_5 含量下的试样在各个围压下进行三轴固结排水剪切试验的体积应变与轴向应变关系曲线。由图可以看出，在低围压即 200 kPa 和 600 kPa 时，各试样均发生较为明显的剪胀，随着围压的增加，试样剪胀性都发生了一定的减弱，其中 P_5 为 15%时的体变曲线减弱得最快，P_5 为 26%时的体变曲线减弱得最慢，P_5 为 21%时的体变曲线减弱速度居中，主要是因为不同的 P_5 含量其试样内部粗、细颗粒填充关系不同，充填关系相对较差的堆石料在剪切的过程中颗粒破碎变得越来越明显，从而在一定程度上阻碍了剪胀效应的发挥。在同一围压下，随着 P_5 含量的增大，试样发生剪胀的程度变大，表现为体积应变随 P_5 含量的增大呈减小趋势。但是在围压为 200 kPa 下 P_5 为 21%时，体变出现异常，其最终体积应变为−4.91%，小于 P_5 为 26%时的−4.25%，这主要原因是试验误差。在进行试验时由于工作量大，且粗粒土在制样时和试验过程中存在着诸多不可控

因素，这种情况的出现是随机且难以消除的。但是整体上，在同一围压下，体积应变呈现出随 P_5 含量的增大而逐渐减小这一趋势。

由表 5.4 中数据可以看出，黏聚力 c 随着 P_5 含量的增加而呈现递增的趋势，P_5 含量每增加 5%，黏聚力 c 要增大 7%～10%；内摩擦角 φ 随着 P_5 含量的增加虽然也呈增大的趋势，但是变化范围不是很大，只是逐级增大为 0.2°～0.5°。观察图 5.6 应力应变曲线发现，P_5 为 15%时的应力应变曲线最平缓，P_5 为 21%时的应力应变曲线居中，P_5 为 26%时的应力应变曲线较陡，这种差异则随着围压的增大变得更加明显，表现为邓肯-张模型参数 K 值由 2051 增大到 4690。非线性强度指标值 φ_0 则随着 P_5 含量的增加变化范围不是很大，但是也表现出逐级递增的趋势；而非线性强度参数指标 $\Delta\varphi$，基本维持在 10.4 左右，不同 P_5 含量的试样至多只相差 0.3°，但是在一定程度上可以看出来，P_5 含量越高其摩擦角随围压的递增衰减得更快。

5.3.3 强度特性分析

进一步研究试验数据发现，在混合法缩尺方法之下，线性强度指标 c/p_a 与小于 5 mm 颗粒含量 P_5 之间存在较明显的线性关系，如图 5.8 所示。因此用直线方程对 c/p_a 与 P_5 进行线性拟合，具体关系式如下：

$$c/p_a = A_4 P_5 + B_4 \tag{5.5}$$

式中，参数 A_4、B_4 分别为 2.93 和 1.41。c 单位为 kPa，p_a 表示为 101 kPa，为了将单位统一，式(5.5)表示针对试验所用粗粒土，在混合法缩尺方法下，缩尺后的 P_5 含量每增加 5%，则该试验级配土料的线性强度指标 c 将随之增大 14.65 kPa。我们知道，当使用混合法进行缩尺原级配时，由于采用不同的尺比，最终缩尺后的试验土料的级配也不尽相同，P_5 含量一般会分布在 1%～30%之间，而级配的不同将会导致强度指标有所差异，但是在我们进行研究时，对每一种 P_5 含量下的级配土料进行室内试验是不太现实也是浪费物力财力的。那么，根据式(5.5)可以计算出，在使用混合法进行缩尺时，不同 P_5 含量下的黏聚力 c 的近似值。例如当 P_5 含量等于 10%时，此时的黏聚力 c 取值约为 170.4 kPa。

通过表 5.4 可以看出，当 P_5 为 15%、21%和 26%时，非线性强度指标 φ_0 为 51.6°、52.2°、52.9°，与 P_5 之间也呈现出较好的线性关系，如图 5.9 所示。因此对两者同样用线性关系进行拟合，关系式如下：

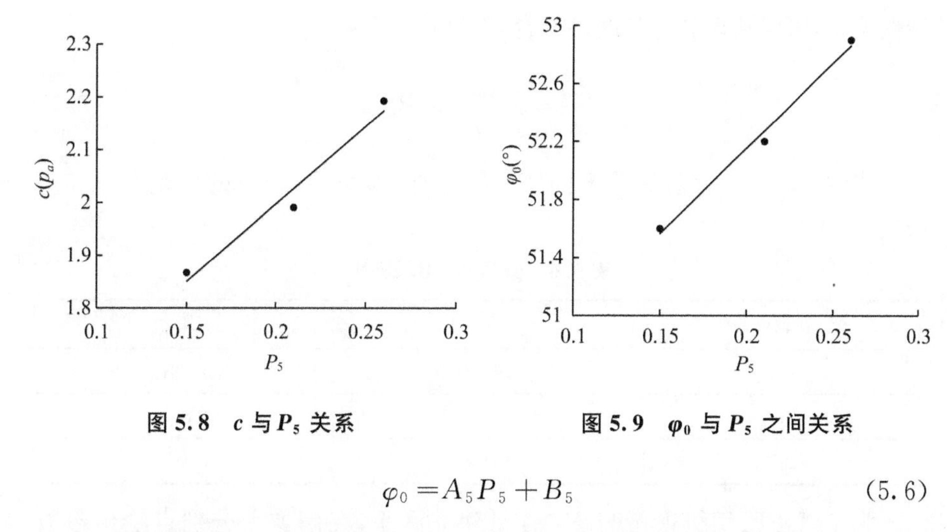

图5.8　c 与 P_5 关系　　　　图5.9　φ_0 与 P_5 之间关系

$$\varphi_0 = A_5 P_5 + B_5 \tag{5.6}$$

式中，参数 A_5、B_5 分别为11.76和49.80。表示当 P_5 每增大5%，φ_0 随之增大0.59°。当 P_5 为5%，此时试验土料的非线性强度指标 φ_0 为50.39°。

5.3.4　变形特性分析

本节针对混合法缩尺下的试验级配土料，设计了不同的级配，使缩尺后的级配粗细含量有所不同，小于5 mm颗粒含量逐渐增多，随着细颗粒的增多，粗颗粒的减少，堆石料的变形性质必定会出现一定的差异，在此着重分析不同 P_5 含量下初始切线模量 E_i、初始泊松比 ν_i 的变化关系，全面研究在混合法缩尺方法下，P_5 含量变化对堆石料变形特性的影响。

对试验数据进行整理，点绘出不同 P_5 含量下，初始切线模量 E_i/p_a 与围压 σ_3/p_a 之间的关系，如图5.10所示。发现 E_i/p_a 与围压 σ_3/p_a 呈现良好的

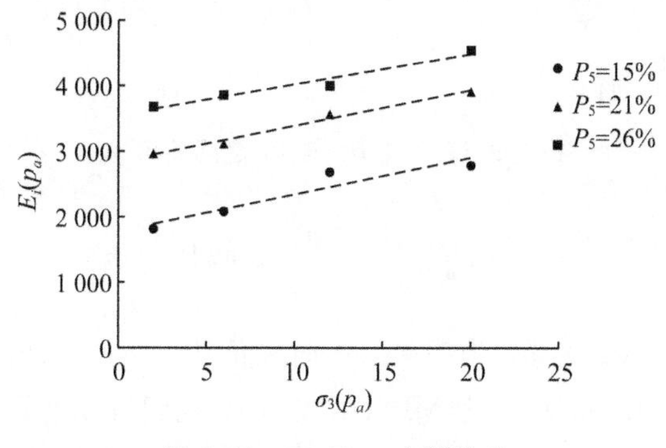

图5.10　E_i 与 σ_3 之间关系

线性关系，可以将两者进行线性拟合，表达式如下：

$$\frac{E_i}{p_a}=A_6\frac{\sigma_3}{p_a}+B_6 \tag{5.7}$$

式中，A_6、B_6 为参数。不同 P_5 含量时，参数 A_6、B_6 的取值如表 5.6 所示。

表 5.6　参数 A_6、B_6 取值

P_5 含量(%)	A_6	B_6
15	56.21	1 781
21	54.52	2 842
26	46.76	3 551

为了将初始切线模量与 P_5 含量建立联系，在图像上分别点绘出参数 A_6、B_6 与 P_5 含量的关系，如图 5.11 所示。图中发现参数 A_6、B_6 均与 P_5 之间同样表现出线性相关性较好。因此，可以建立在混合法缩尺方法下，选用不同的比尺时，初始切线模量 E_i 随小于 P_5 变化的近似表达式：

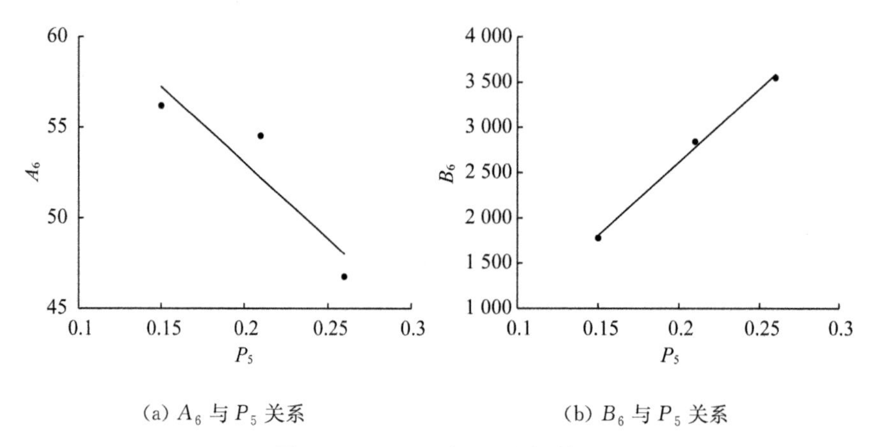

(a) A_6 与 P_5 关系　　(b) B_6 与 P_5 关系

图 5.11　A_6、B_6 与 P_5 之间关系

$$\frac{E_i}{p_a}=(a_6P_5+b_6)\frac{\sigma_3}{p_a}+g_6P_5+h_6 \tag{5.8}$$

式中，a_6、b_6、g_6 和 h_6 为参数，分别取值为 −84.02、69.86、16 146 和 −612.30。其中 E_i、σ_3 单位为 MPa，由式(5.8)我们可以得到，在进行混合法缩尺时，堆石料中 P_5 每增加 1%，初始切线模量 E_i 增大量为 $-0.840\,2\sigma_3+$

16.15 MPa。当围压为 0.2 MPa、0.6 MPa、1.2 MPa 和 2.0 MPa 时，P_5 含量每增加 1%，E_i 相应的增大量分别为 15.98 MPa、15.47 MPa、15.31 MPa 和 13.63 MPa。用式(5.8)则可以预测出混合法缩尺方法下，不同 P_5 含量、不同围压下的 E_i 值。比如，在 P_5 为 30%围压为 0.2 MPa、0.6 MPa、1.2 MPa 和 2.0 MPa 时，对应的初始切线模量 E_i 值分别为 432.1 MPa、449.9 MPa、476.7 MPa 和 512.5 MPa。

点绘出初始泊松比 ν_i 与围压 σ_3/p_a 的曲线，如图 5.12 所示。可以看出，泊松比 ν_i 与 σ_3/p_a 之间呈现出良好的幂函数关系，可以用幂函数表达式对两者进行拟合，表达式如下：

$$\nu_i = A_7\left(\frac{\sigma_3}{p_a}\right)^{B_7} \tag{5.9}$$

式中，A_7、B_7 为参数。整理出不同 P_5 含量下参数 A_7、B_7 的具体数值列于表 5.7。

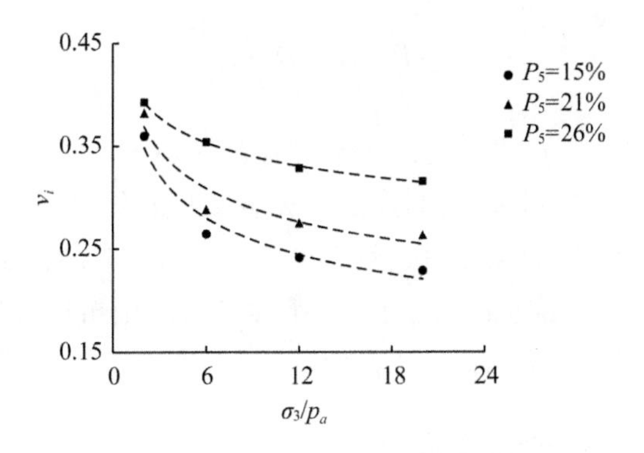

图 5.12　ν_i 与 σ_3/p_a 关系曲线

表 5.7　不同 P_5 含量时参数 A_7、B_7 数值

P_5 含量(%)	A_7	B_7
15	0.400	−0.198
21	0.412	−0.160
26	0.420	−0.096

由表 5.7 中数据可知，参数 A_7、B_7 与 P_5 之间似乎存在着一定的函数关系。将参数 A_7、B_7 与 P_5 之间的关系曲线绘于图 5.13 中，可以看出，参数 A_7、B_7 均与 P_5 表现出很好的线性关系，那么可以将其与 P_5 含量建立联系。

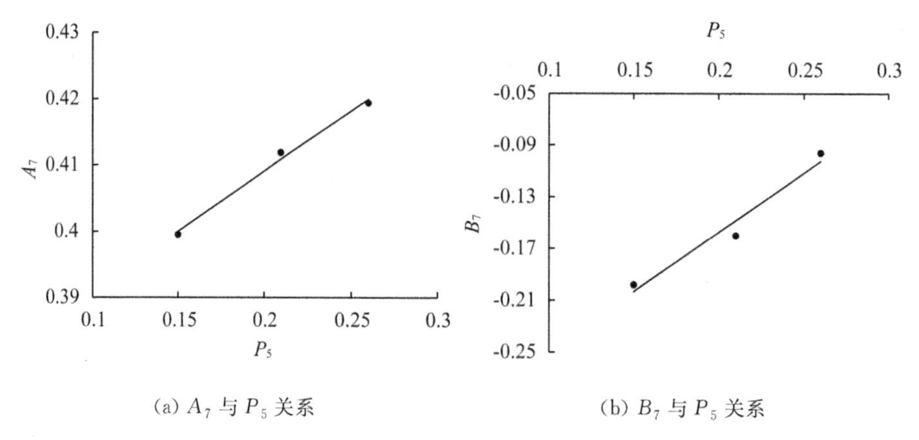

(a) A_7 与 P_5 关系　　　(b) B_7 与 P_5 关系

图 5.13　A_7、B_7 与 P_5 关系

于是，可以得到在混合法缩尺方法下，采用不同比尺缩尺时，初始泊松比 ν_i 与围压 σ_3/P_a 的近似关系式为：

$$\nu_i=(a_7P_5+b_7)\left(\frac{\sigma_3}{p_a}\right)^{g_7P_5+h_7} \tag{5.10}$$

式中，a_7、b_7、g_7、h_7 为参数，具体的取值分别为 0.182、0.373、0.918 和 −0.341。由式(5.10)可以得到，在混合法缩尺方法下，当 P_5 含量为 30%，围压为 200 kPa、600 kPa、1 200 kPa 和 2 000 kPa 时，对应的初始泊松比 ν_i 值分别为 0.408、0.380、0.363 和 0.351。运用式(5.10)则可以预测出不同 P_5 含量时，不同围压下粗粒土的初始泊松比。

5.4　混合法缩尺方法分析

缩尺中采用混合法进行缩尺步骤是先用相似级配法进行缩尺，使得小于 5 mm(P_5)颗粒的占比不大于总含量的 30%，而后用等量替代法进一步缩尺。与另外 3 种缩尺方法相比，混合法缩尺后的级配曲线相对平滑，粗、细颗粒分布较为均匀，不会造成细颗粒过多或者粒径分布不均匀的情况。因此在进行粗粒土室内试验研究时，推荐使用混合法进行缩尺。但是根据上文研究结果发现，混合法缩尺下不同最大粒径 $d_{\max}$、不同 P_5 含量均对粗粒土的力学性质有一定影响。那么在选用混合法进行缩尺时，应该尽量选择大粒径试样，同时要考虑 P_5 含量的影响即选择适当的比尺进行缩尺，不至于过度高估或者低估原级配粗粒土的强度和变形的影响。

5.5 本章小结

混合法缩尺时有很多的不确定性，研究人员选用混合法缩尺由于选用不同的比尺就会得到不同的试验级配土料，最终得到的试验结果也会有一定的差异。本章主要利用大型常规三轴试验，采用混合法将原级配粗粒土缩制成最大粒径 d_{max} 分别为 60 mm、40 mm 和 20 mm 的试验级配土料，研究混合法缩尺时不同最大粒径 d_{max} 对粗粒土强度变形特性的影响，同时采用混合法将原级配土料缩制成小于 5 mm 颗粒含量分别为 15%、21% 和 26%，最大粒径 d_{max} 为 60 mm 的试验级配土料，探究混合法缩尺下不同 P_5 含量对粗粒土强度变形特性的影响。本章得到的具体结论如下：

(1) 缩尺后不同 d_{max} 试验级配土料的应力应变曲线有明显的差异。d_{max} 相对较小的时候，应力应变曲线在高围压下表现出更为明显的硬化型，这是因为缩尺后 d_{max} 较小时，级配颗粒分配较为均匀，剪切时试样能够表现出更高的抗剪强度。

(2) 线性强度指标黏聚力 c 随着最大粒径 d_{max} 的减小而逐渐减小，内摩擦角随 d_{max} 的变化没有规律性的变化；非线性强度指标 φ_0 随着 d_{max} 的减小，虽然有减小的趋势，但是变化并不明显，$\Delta\varphi$ 则在 d_{max} 为 40 mm 时最小，即缩尺后的粗粒土在粒径 d_{max} 较大或者较小时其强度指标衰减速度都比较快。

(3) 初始切线模量 E_i 与最大粒径 d_{max} 之间呈较好的直线关系，建立了初始切线模量 E_i 与 d_{max} 之间近似关系表达式，通过该式可以计算出不同 d_{max} 及不用围压下的初始切线模量。

(4) 在同一 P_5 含量下，粗粒土的峰值强度随着围压的增加而增大；在同一围压下，粗粒土的峰值强度同样随着 P_5 含量的增多呈增大趋势。在同一围压下，体积应变是呈现出随 P_5 含量的增多而逐渐减小。

(5) 随着 P_5 含量的增加，粗粒土抗剪强度明显提高。线性强度指标 c 和 φ 均随着 P_5 含量的增多而变大，但是 φ 的变化幅度并不大。非线性强度指标均表现出随 P_5 含量增多而增大的趋势。同时建立了 c、φ_0 与 P_5 含量之间的关系式，能够预测混合法缩尺下不同 P_5 含量时的黏聚力 c、φ_0 值。

(6) 分别建立了初始切线模量 E_i、初始泊松比 ν_i 与 P_5 含量之间的近似表达式，能够计算出混合法缩尺下粗粒土在不同 P_5 含量不同围压下对应的变形参数，为研究人员提供参考。

(7) 结合试验结果分析得出，混合法可能是现存缩尺方法中较为适用于粗粒土室内试验研究的方法。

第6章 典型粗粒土临界状态讨论

6.1 引言

粗粒土强度变形性质对孔隙比和应力状态具有显著的依赖性，临界状态理论能够同时反映这种规律，因而成为土体本构模型研究的重要桥梁。$e-p$平面的临界状态线及临界状态应力比是临界状态理论的重要组成部分，如何准确描述其规律决定了状态相关本构模型的质量。石英砂的临界状态线在$e-(p/p_a)^\xi$平面为唯一的直线，与初始孔隙比无关，且临界状态应力比为定值，与初始孔隙比和围压无关。事实上，由于珊瑚砂、砂砾石料等典型粗粒土都存在显著的颗粒破碎现象，其临界状态特性并不能简单地类比普通石英砂，本章以珊瑚砂、粉土质砂和砂砾石料作为典型粗粒土，有针对性地开展相关研究。

6.2 珊瑚砂的临界状态

珊瑚砂又称钙质砂，主要分布在珊瑚岛礁周围，由于特殊的生物成因，珊瑚砂内部结构疏松并含有大量孔隙，颗粒具有易折断和易破碎的特点[115-116]。在我国南海人工岛礁工程建设中，一般就地取材采用珊瑚砂作为场地填料，随着“一带一路”倡议的实施，沿线海洋开发逐渐加快，珊瑚砂的工程力学性质成为研究的焦点。

关于珊瑚砂，大量的研究旨在揭示颗粒破碎的宏观规律，包括通过侧限压缩、三轴剪切、单剪、循环剪等试验研究加载方式、应力水平等因素对珊瑚砂颗粒破碎的影响[116]。至于颗粒破碎与临界状态之间如何相互影响，Bandini[117]在通过高围压下的三轴试验发现珊瑚砂的临界状态线随着颗粒破碎的加剧而向下移动，蔡正银等[115]认为受颗粒破碎影响，珊瑚砂的临界状态线是一组与初始孔隙比相关的平行线。孙吉主[118]、胡波[119]、蔡正银[115]等认为珊瑚砂临界状态应力比为定值，而同为颗粒易破碎材料，Xiao[120]、武颖利[121]等人则认为堆石料的临界状态应力比与围压成负相关。总体而言，珊瑚砂相关研究还比较少，如何描述其临界状态尚未形成统一认识。

基于此，我们开展了南海珊瑚砂在不同初始孔隙比、不同围压下的系列三轴固结排水剪切试验，分析了其在 $e-(p/p_a)^{\xi}$ 和 $e-\ln p$ 平面内的临界状态线以及 $p-q$ 平面的临界状态应力比，并与普通石英砂及堆石料的临界状态特性进行了对比。

6.2.1　试验方案及结果

试验选用的土料为南海珊瑚砂进行颗粒筛分后，各粒组的颗粒堆积体如图 6.1 所示。

图 6.1　试验用珊瑚砂

三轴固结排水剪切试验采用全自动三轴仪，试样尺寸为直径 39.1 mm，长 80 mm。由于粒径大于 2 mm 的颗粒质量仅占 0.3%，三轴固结排水剪切试验时剔除了该部分颗粒，颗粒比重 G_s 为 2.78，不均匀系数 C_u 为 1.76，曲率系数 C_c 为 0.88，制样粒组含量如表 6.1 所示。

表 6.1　珊瑚砂各粒组含量

粒组(mm)	2～1	1～0.5	0.5～0.25	0.25～0.075	<0.075
质量占比(%)	12.0	45.6	41.5	0.6	0.3

蔡正银等[115-116]此前重点开展了制样相对密度为 0.95、0.85 和 0.75 的三轴固结排水剪切试验及相关性质研究，在此基础上，我们进一步补充了相对密度为 0.65 的三轴固结排水剪切试验。补充试验方案制订之后，完整的试

验方案如表 6.2 所示，制样相对密度为 0.95、0.85、0.75 和 0.65，对应孔隙比 e_0 分别为 0.931、0.972、1.000 和 1.031，每组试样在饱和状态下进行了 4 种不同围压，即 100 kPa、200 kPa、300 kPa 和 400 kPa 的常规三轴固结排水剪切试验。

表 6.2　珊瑚砂料三轴固结排水剪切试验方案

制样相对密度(g/cm³)	制样孔隙比 e_0	围压(kPa)
0.95	0.931	100、200、300、400
0.85	0.972	100、200、300、400
0.75	1.000	100、200、300、400
0.65	1.031	100、200、300、400

以补做的 e_0 为 1.031 的试样为例，图 6.2 给出了不同围压 σ_3 下三轴固结排水剪切试验应力应变关系曲线。

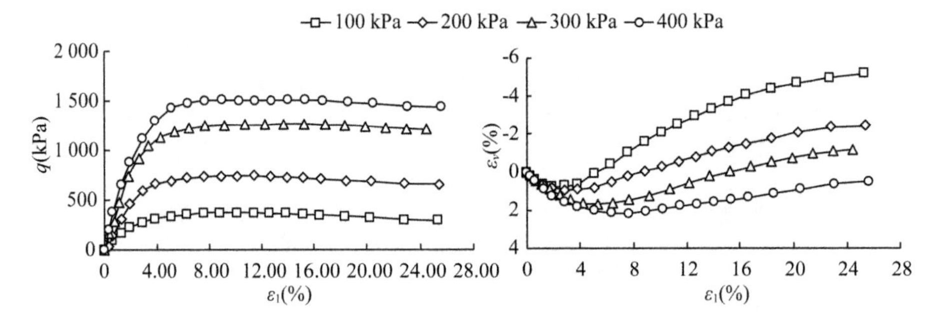

图 6.2　三轴固结排水剪切试验应力-应变-体变曲线(e_0=1.031)

由于 e_0 为 1.031 的对应相对密度为 0.65，接近于紧砂，珊瑚砂所表现出的应力变形特征与普通石英砂类似：应力应变曲线都呈现出一定程度的应变软化，体变则都表现出明显的剪胀现象。其中，剪应力 q 和体变 ε_v 在轴向应变 ε_1 达到 25%以后基本趋于稳定，说明试样都达到了临界状态。

6.2.2　临界状态线

粗粒土的临界状态线在 $e-(p/p_a)^\xi$ 或 $e-\ln p$ 平面内为直线[86]，表达式为：

$$e_c = e_\Gamma - \lambda_c \left(\frac{p}{p_a}\right)^\xi \tag{6.1}$$

$$e_c = e_\Gamma - \lambda_c \ln p \tag{6.2}$$

式中，e_c 为临界状态孔隙比，e_Γ、λ_c 和 ξ 为材料参数，p_a 为标准大气压。对于石英砂，材料参数 ξ 一般取为 0.6～0.8[115]。

参考石英砂的临界状态特性，首先将珊瑚砂在临界状态时的 $e-p$ 试验值绘制在 $e-(p/p_a)^\xi$ 平面，ξ 取为 0.7，如图 6.3 所示。

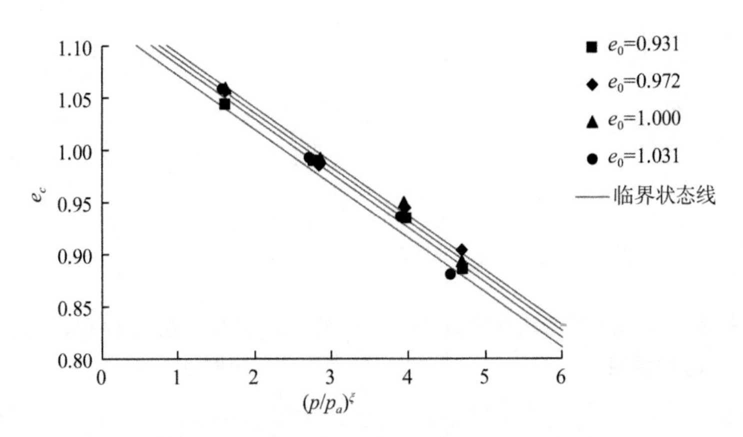

图 6.3　珊瑚砂在 $e-(p/p_a)^\xi$ 的临界状态线

图 6.3 显示，珊瑚砂在 $e-(p/p_a)^\xi$ 平面的临界状态线可以用直线来表示，这一点与石英砂相同。但是，直线并不是唯一的，而是不同初始孔隙比 e_0 的试样各自对应一条临界状态线，且各条线之间基本平行，即斜率 λ_c 相同，截距 e_Γ 不同，且截距 e_Γ 与 e_0 有关，这与普通石英砂不同，而是类似于堆石料等易碎材料[120]。

图 6.3 中，不同初始孔隙比 e_0 对应的临界状态线斜率 λ_c 都为−0.052 4，截距 e_Γ 与 e_0 之间则存在如下显著的线性关系：

$$e_\Gamma = e_{\Gamma 0} + k_c e_0 \tag{6.3}$$

e_Γ 与 e_0 之间的关系如图 6.4 所示，其中，参数 $e_{\Gamma 0}$ 为 0.928，k_c 为 0.211；拟合相关系数 R^2 为 0.991。式(6.3)的斜率 k_c 为正值，说明初始孔隙比 e_0 越大，则对应的临界状态线截距 e_Γ 越大。

将式(6.3)代入式(6.1)可得珊瑚砂在任意初始孔隙比 e_0 下的临界状态线可以表示为：

$$e_c = e_{\Gamma 0} + k_c e_0 - \lambda_c \left(\frac{p}{p_a}\right) \tag{6.4}$$

式(6.4)说明，珊瑚砂的临界状态孔隙比 e_c 不仅与应力状态 p 相关，还与

初始孔隙比 e_0 相关。

从另一个角度分析，基于我们的试验数据，珊瑚砂的临界状态用式(6.1)来描述也同样适用，如图 6.5 所示。

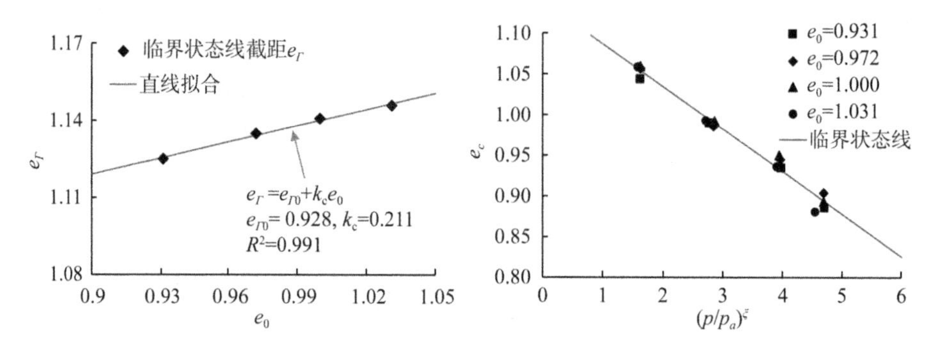

图 6.4 珊瑚砂临界状态线斜率 e_Γ 与 e_0 的关系

图 6.5 珊瑚砂在 $e-(p/p_a)^\xi$ 的临界状态线

图 6.5 中，临界状态线的截距 e_Γ 为 1.139，斜率 λ_c 为−0.052 2(约等于图 6.3 中各平行线的斜率)，拟合相关系数 R^2 为 0.978。一方面，从纯数学拟合的角度来讲，图 6.5 中用统一的临界状态线来描述不同初始孔隙比 e_0 的珊瑚砂是合理的，拟合相关系数值 R^2 高达 0.978。另一方面，图 6.3 中，不同 e_0 对应的临界状态线截距 e_Γ 虽然不同，但是最大值为 1.146，最小值为 1.125，差异非常小，将图 6.3 中的 4 条线合并为同一条线，同样是合理的。

综合可得，对于珊瑚砂在 $e-(p/p_a)^\xi$ 平面的临界状态线是否唯一，即临界状态线的斜率 e_Γ 与初始孔隙比 e_0 是否相关，还需要大量的试验数据来论证。类似的争议同样出现在堆石料等易破碎散粒材料中，蔡正银[122]，Xiao[120]等认为 e_Γ 与初始孔隙比 e_0 相关，丁树云[24]、武颖利[121]则认为 e_Γ 与初始孔隙比 e_0 无关。可见，颗粒易碎的散粒材料在 $e-(p/p_a)^\xi$ 平面的临界状态线是否唯一，目前尚未形成统一认识。

6.2.3 临界状态应力比

人们确定临界状态应力比 M_c 时，通常在 $q-p$ 平面描绘临界状态剪应力 q 和临界状态正应力 p 的试验值，然后用通过原点的直线拟合，得到的斜率即是 M_c。图 6.6 给出了不同围压、不同初始孔隙比的 16 个珊瑚砂试样在临界状态时的 $q-p$ 试验值散点图，并利用直线 $q=M_c p$ 进行了拟合，得到临界状态应力比 M_c 为 1.680，拟合相关系数 R^2 高达 0.991，接近于 1。

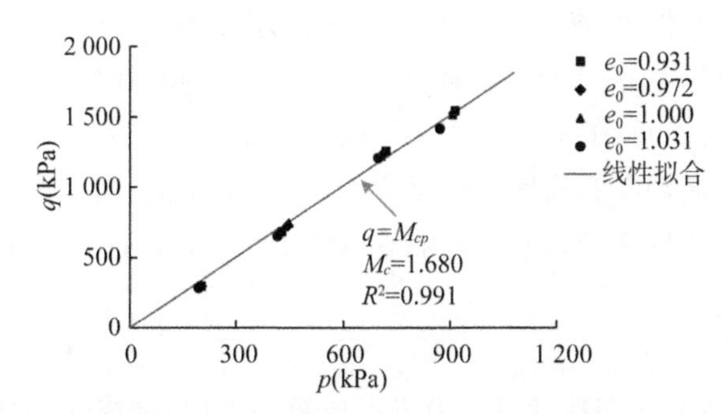

图 6.6　珊瑚砂临界状态剪应力 q 与正应力 p 关系

我们[121]此前在研究堆石料的临界状态应力比 M_c 时曾指出：$q=M_c p$ 的拟合相关系数 R^2 接近于 1 不能作为评判 M_c 为定值的唯一标准。事实上，对于图 6.6 中拟合斜率 M_c，R^2 接近于 1 具有较大的欺骗性。图 6.7 给出了 16 个试样在临界状态时的应力比 M_c，采用 $M_c=q_c/p_c$ 进行计算，其中，q_c 和 p_c 分别为试样达到临界状态时的剪应力和正应力。图 6.7 中，e_0 为 0.931、σ_3 为 300 kPa 时，M_c 最大，为 1.748，明显高于图 6.6 拟合得到的定值 M_c 为 1.680；e_0 为 1.031、σ_3 为 100 kPa 时，M_c 最小，为 1.451，明显低于定值 M_c 为 1.680。由此可见，珊瑚砂的临界状态应力比 M_c 并非定值，而是受到初始孔隙比 e_0 和围压的 σ_3 的共同影响，这与普通石英砂的性质不同。

此外，有研究表明，堆石料的临界状态应力比 M_c 与 $\lg(\sigma_3/p_a)$ 成负线性关系[117]。以文献[123]中 e_0 为 0.352 的试样为例，如图 6.8 所示，围压分别为 300 kPa、600 kPa、900 kPa 和 1 200 kPa 时的临界状态应力比 M_c 是随着围压

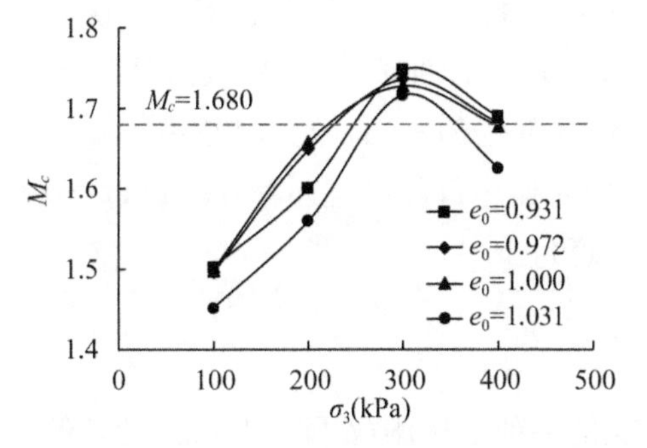

图 6.7　珊瑚砂临界状态应力比 M_c 与 e_0 和 σ_3 的关系

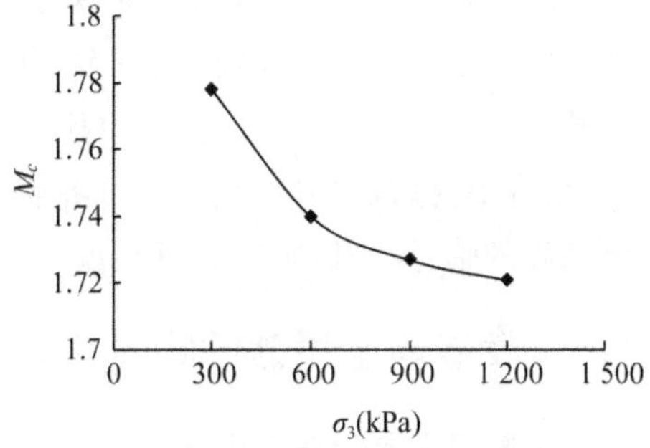

图 6.8　堆石料临界状态应力比 M_c 与 σ_3 的关系(Guo[123])

的增加而降低的，但是，图 6.7 中的试验值表明随着围压 σ_3 的增大，珊瑚砂的临界状态应力比 M_c 是先增大后减小，在 σ_3 为 300 kPa 时，各初始 e_0 下的试样 M_c 值都达到最大；在 σ_3 为 100 kPa 时 M_c 最小。

综上可得，珊瑚砂的临界状态应力比 M_c 并非定值，而是受到初始孔隙比 e_0 和围压 σ_3 的共同影响，但是，影响规律尚不明确，有待进一步研究。

6.2.4 讨论

珊瑚砂的临界状态特性目前尚未形成统一认识，造成这种现状的原因之一，可能是不同研究人员试验条件不一致。比如，我们试验最大围压仅为 400 kPa，尽管珊瑚砂易破碎，与文献[117]中围压 1 600 kPa 相比，破碎程度还是低很多。图 6.7 显示，颗粒破碎程度越大，则临界状态时的孔隙比越小，说明颗粒破碎程度会影响临界状态。在低围压下，珊瑚砂颗粒破碎程度很低，导致不同 e_0 试样对应的 $e-(p/p_a)^\xi$ 平面临界状态线之间的差异不大，因此，用同一条直线来描述也显得合理。但是，这并不意味着高围压下，珊瑚砂在 $e-(p/p_a)^\xi$ 平面临界状态线也能用同一条直线来描述。

临界状态应力比 M_c 实际上是土样达到临界状态之后内摩擦角的一种表征，两者之间存在一一对应关系。内摩擦角是土粒滑动摩擦以及凹凸面间镶嵌作用产生的摩阻力，围压越大，颗粒破碎越显著，大颗粒含量降低，细颗粒含量增加，且破碎后的颗粒越圆润，摩阻力会降低，则达到临界状态时内摩擦角降低，临界状态应力比 M_c 降低。从这一角度分析，易碎散粒材料的临界状态应力比 M_c 是随围压的增大而减小的。而我们的试验结果则是随着围压的增大，M_c 先增大后减小。

因此，珊瑚砂与堆石料同为易破碎散粒材料，我们实际上更倾向于认为珊瑚砂的临界状态与堆石料一致，即 $e-(p/p_a)^\xi$ 平面的临界状态线是与 e_0 相关的平行线，临界状态应力比 M_c 随着围压的 σ_3 的增大而减小。事实上，研究更为广泛的堆石料，其临界状态如何描述目前尚且还存在争议，对于珊瑚砂的临界状态，则更有待于进一步的研究。

6.3 戈壁粉土质砂的临界状态

戈壁粉土质砂是西北戈壁沙漠区常见的一种土料，随着国家“一带一路”倡议的推进，以乌鲁木齐为中心的西北地区成为重要的支点，相关工程建设陆续开展。比如，我国是一个水资源严重短缺的国家，且水资源时空分布不均，呈现出南丰北缺、东多西少的显著特点。为了调节水资源的地域分布，国家相继修建了一大批长距离调水工程。其中，部分渠道穿过戈壁沙漠地区，交通运输极为不便，渠道填方段往往就近取材，因此戈壁粉土质砂成为常见的填料。

目前，关于戈壁粉土质砂的研究较少，建设人员对其物理力学性质了解不够深刻，大多数是依靠对普通砂土的工程经验。事实上，在实际施工过程中，人们已经发现戈壁粉土质砂所表现出来的部分特征并不像是典型的砂土。比如，戈壁粉土质砂受到渠水浸入之后，具备较强的黏性，甚至能黏附于车轮之上。若简单地将其当作普通砂土，可能会导致安全隐患，因此，亟须开展相关研究。

6.3.1　戈壁粉土质砂基本性质

试验选用的材料为某输水渠道戈壁粉土质砂，天然状态下土料形态如图6.9所示，从图中看出戈壁粉土质砂并不是砂颗粒，而是大部分土颗粒都结成大大小小的土块。

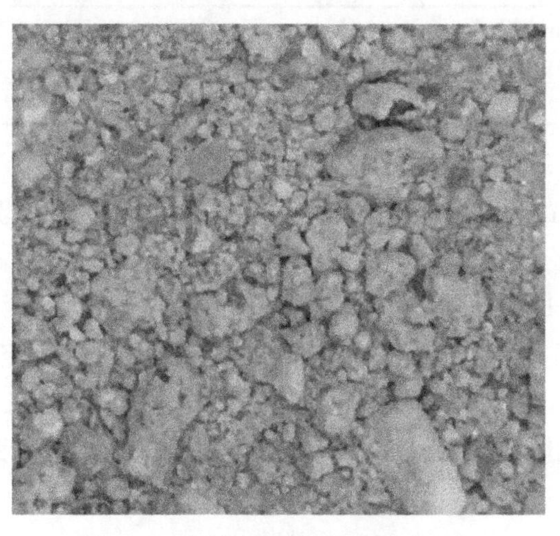

图6.9　天然状态下的戈壁粉土质砂

通过X衍射仪确定了戈壁粉土质砂的矿物成分，试验结果如表6.3所示。其中，该戈壁粉土质砂的主要矿物成分为石英，含量为66%；黏土矿物为蒙脱石和高岭石，占比之和为17%。

剔除碎石等杂质后，颗粒比重G_s为2.62，土料最大粒径为5 mm，级配曲线如图6.10所示。戈壁粉土质砂界限粒径及界限系数如表6.4所示，其中平均粒径d_{50}为0.208 mm，不均匀系数C_u为106.7，曲率系数C_c为5.7。

表 6.3 戈壁粉土质砂矿物成分

矿物组成	蒙脱石	水云母	长 石	高岭石	石 英
含量(%)	2	5	12	15	66

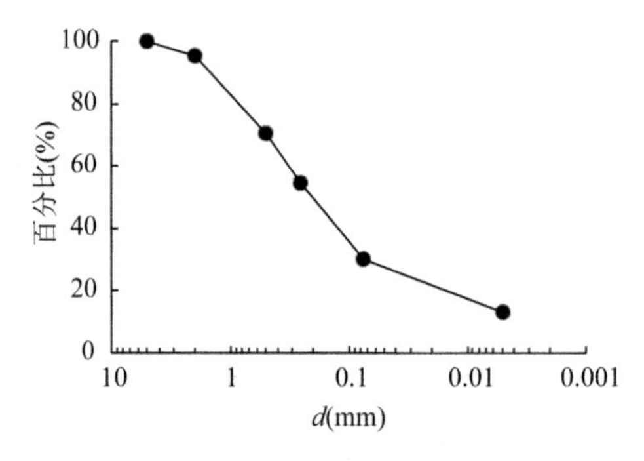

图 6.10 戈壁粉土质砂的级配曲线

表 6.4 戈壁粉土质砂界限粒径及界限系数

有效粒径 d_{10} (mm)	中间粒径 d_{30} (mm)	平均粒径 d_{50} (mm)	限制粒径 d_{60} (mm)	不均匀系数 C_u	曲率系数 C_c
0.003	0.074	0.208	0.32	106.7	5.7

根据水利部《土工试验方法标准(GB/T 50123—2019)》[29]，试样中粒径大于0.075 mm的粗粒组质量多于总质量的50%的土称为粗粒类土，粗粒类土中砾粒组质量大于总质量50%的称为砾类土，粒径大于2 mm的砾粒组质量少于或等于总质量50%的土称为砂类土。

戈壁粉土质砂细粒(<0.075 mm)含量为30.1%，粗粒组(>0.075 mm)含量为69.7%，因此为粗粒土，见表6.5。进一步地，试样中粒径大于2 mm的细砾质量仅占总质量的5.6%，而砂粒占65.2%，因此该戈壁粉土质砂可细分为砂类土。

表 6.5 戈壁粉土质砂的粒组含量

粒组划分	粒径 d(mm)	百分比(%)	百分比(%)
细砾	$5 \geqslant d > 2$	4.7	4.7
粗砂	$2 \geqslant d > 0.5$	24.8	65.2
中砂	$0.5 \geqslant d > 0.25$	16.3	
细砂	$0.25 \geqslant d > 0.075$	24.1	
粉粒	$0.075 \geqslant d > 0.005$	17.3	30.1
黏粒	$d \leqslant 0.005$	12.8	

细粒(<0.075 mm)含量为 30.3%,介于 15%～50%之间,且细粒中以粉粒(0.075 mm～0.005 mm)为主,占比为 17.3%,因此,该戈壁粉土质砂最终可被分为粉土质砂,代号为 SM。

尽管戈壁粉土质砂根据粒组可以被分为粉土质砂,但是,在试验过程中发现戈壁粉土质砂呈现出一些特殊的性质,本节将主要就相关特性开展试验研究。

6.3.2　液塑限指数

《土工试验方法标准》[29]规定:一般而言,界限含水率试验针对的土料为粒径小于 0.5 mm 的土料。而戈壁粉土质砂粒径小于 0.5 mm 的质量占比为 70.5%,粒径大于 0.5 mm 的质量占比达 29.5%,并不符合《土工试验方法标准》[29]的一般规定。但是,实践中发现,戈壁粉土质砂在浸水之后具有显著的黏性,能够成块地黏附在车轮上。因此,对原级配戈壁粉土质砂开展了界限含水率试验。

试验表明,戈壁粉土质砂 17 mm 液限为 29.9%,塑限为 14.8%,塑性指数为 15.1,将其绘制在 17 mm 液限所对应的塑性图中,如图 6.11 所示。可见,戈壁粉土质砂处于 CL 区域,即戈壁粉土质砂在液塑限特性方面接近于低液限黏土。

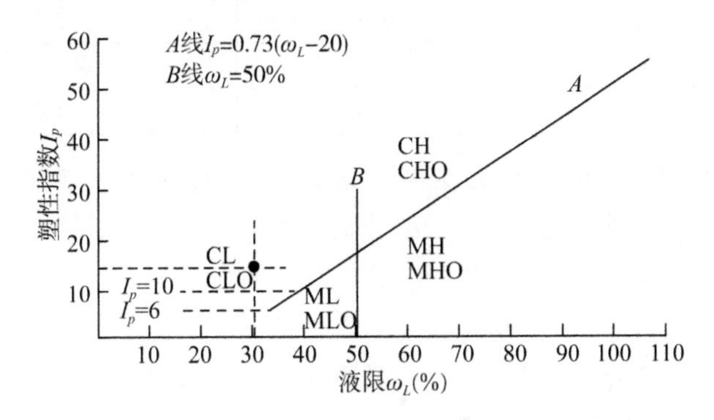

图 6.11　戈壁粉土质砂 17 mm 液限所对应的塑性图

6.3.3　最大干密度

《土工试验方法标准》[29]对相对密度试验的一般规定为:土样为能自由排水砂砾土,粒径不应大于 5 mm,且粒径为 2～5 mm 的土样质量不应大于总质量的 15%。戈壁粉土质砂粒径都小于 5 mm,且 2～5 mm 的土样占比为 4.7%,满足相对密度的一般规定,因此,我们首先对戈壁粉土质砂开展了相对密度试验。试验结果表明,戈壁粉土质砂的最大干密度为 1.63 g/cm³,最小干密度为 1.18 g/cm³。试验结果显然与渠道现场运行情况不符,不少渠段戈壁粉土质砂干密度实测值都大于 1.75 g/cm^3,明显高于试验所得的最大干密度 1.63 g/cm^3。

因此,我们继续对戈壁粉土质砂开展重型击实试验。《土工试验方法标准》[29]对击实试验对土体的一般规定为土样粒径小于 20 mm,戈壁粉土质砂显然满足该要求。重型击实试验得到的最大干密度为 1.98 g/cm^3,最优含水率为 10%。击实试验得到的最大干密度符合实际。

6.3.4 渗透性

鉴于界限含水率试验和击实试验,我们初步得到戈壁粉土质砂具备黏土的性质,因此采用变水头渗透试验来测量戈壁粉土质砂的渗透系数。

试验测量了 4 个不同干密度试样的渗透系数,其中试样最大干密度 1.90 g/cm^3,压实度 96.0%;最小干密度 1.75 g/cm^3,压实度 88.4%,得到的饱和渗透系数如表 6.6 所示。

表 6.6 戈壁粉土质砂的渗透系数

制样干密度 ρ_d(g/cm^3)	压实度(%)	渗透系数(10^{-6} cm/s)
1.90	96.0	1.63
1.85	93.4	2.63
1.80	90.9	5.85
1.75	88.4	16.4

由表 6.6 可得,戈壁粉土质砂渗透系数最大的特点在于其数量级为 10^{-6} cm/s,其中,压实度为 96%时,渗透系数为 1.63×10^{-6} cm/s。根据《堤防工程手册》所给出的经验值,黏质砂的渗透系数范围为 $2\times10^{-3}\sim1\times10^{-4}$ cm/s,淤泥土为 $1\times10^{-6}\sim1\times10^{-7}$ cm/s,黏土为 $1\times10^{-6}\sim1\times10^{-8}$ cm/s。由此可见,该戈壁粉土质砂的渗透系数远小于普通黏质砂,接近于淤泥土和黏土。

此外,戈壁粉土质砂的渗透系数与干密度呈现出反比关系,即随着制样干密度(压实度)的增加,其渗透系数逐渐降低。当压实度为 88.4%时,渗透系数为 16.4×10^{-6} cm/s,当压实度增至 96.0%时,渗透系数降为 1.63×10^{-6} cm/s,下降了一个数量级。这说明提高戈壁粉土质砂的压实度可有效地降低其渗透性。

6.3.5 强度变形特性

戈壁粉土质砂由于粒径 2 mm 以上颗粒占比极少,在三轴固结排水剪切试验时将粒径 2 mm 以上颗粒直接剔除后进行制样。试验共进行了干密度为

1.9 g/cm³、1.85 g/cm³、1.80 g/cm³ 及 1.75 g/cm³ 的 4 组试样的三轴固结排水剪切试验，分别对应压实度为 96.0%、93.4%、90.9%和 88.4%的土样，对应的初始孔隙比分别为 0.379、0.416、0.456 和 0.497。试验方案如表 6.7 所示，围压为 50 kPa、100 kPa、200 kPa 和 400 kPa。

表 6.7　戈壁粉土质砂三轴固结排水剪切试验方案

制样干密度(g/cm³)	压实度	制样孔隙比 e_0	围压(kPa)
1.90	96.0%	0.379	50、100、200、400
1.85	93.4%	0.416	50、100、200、400
1.80	90.9%	0.456	50、100、200、400
1.75	88.4%	0.497	50、100、200、400

试样采用分层击实法制样，并采用抽气法进行饱和，确保每个试样试验前的孔隙水压力系数 B 值大于 0.95。剪切采用应变控制，速率为 0.04 mm/min，试样轴向应变累积超过 15%。当应力-应变曲线有峰值时，取峰值点为破坏点，峰值点所对应的主应力差为该样的破坏强度，反之则取轴向应变的 15%所对应的点为破坏点，对应的主应力差为破坏强度。

以试验最大压实度 96.0%和最小压实度 88.4%的试验结果为例，应力-应变-体变曲线分别如图 6.12 和图 6.13 所示。

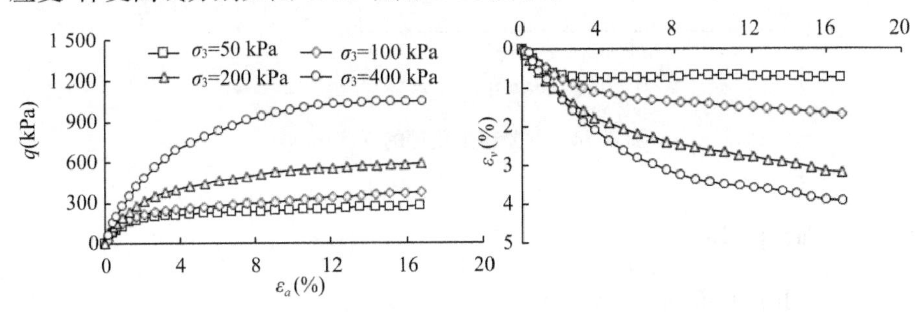

图 6.12　三轴固结排水剪切试验应力-应变-体变曲线(压实度 96.0%)

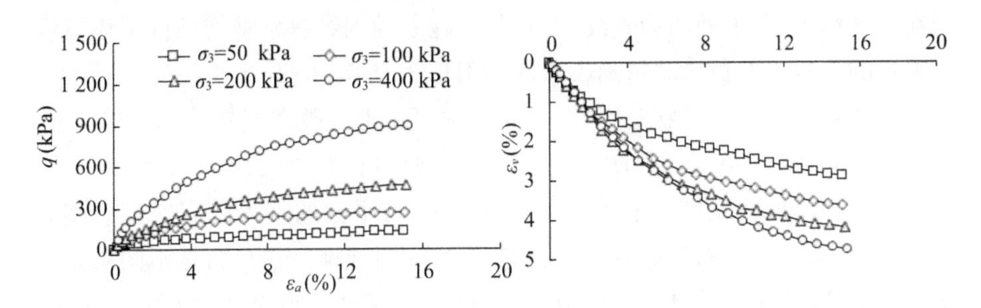

图 6.13　三轴固结排水剪切试验应力-应变-体变曲线(压实度 88.4%)

一般而言，在相同的围压下，紧砂可能表现出应变软化和剪胀的特性，而戈壁粉土质砂的特殊之处在于，紧砂的应力应变特征都表现为应变硬化型，并无软化发生；体变特征都变形为持续剪胀型，并无剪胀发生。

同时，我们分析了不同压实度土样的抗剪强度指标，如图 6.14 所示。试样的黏聚力 c 进行分析，结论是：随着干密度的增加，其对应的黏聚力呈现出逐渐递增的变化趋势，压实度为 88.4%的试样 c 为 12 kPa，压实度为 96.0%的试样 c 为 41 kPa。这说明，该戈壁粉土质砂存在黏聚力，且黏聚力较为显著，接近于普通黏土的水平。

与 c 值规律不同的是，随着试样压实度的增加，戈壁粉土质砂的内摩擦角 φ 则基本不变，约为 31.8°，如图 6.14 所示。

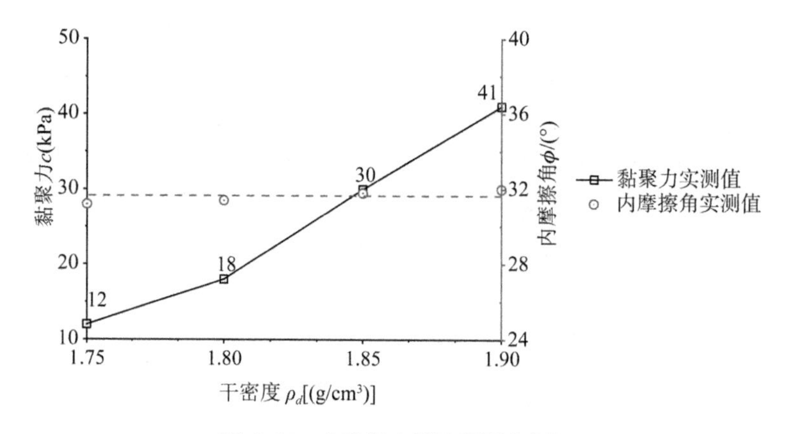

图 6.14 戈壁粉土质砂的强度指标

6.3.6 临界状态

1. $e-\ln p$ 平面内临界状态线

对于常规石英砂，研究表明[86]其临界状态线在 $e-\ln p$ 平面内不是直线，但在 $e-(p/p_a)^\xi$ 平面内为直线，且石英砂在三轴固结排水剪切条件下该直线是唯一的。对于石英砂其材料参数 ξ 一般取为 0.6～0.8。

参考石英砂的临界状态特性，首先将戈壁粉土质砂在临界状态时的 $e-p$ 试验值绘制在 $e-(p/p_a)^\xi$ 平面，ξ 取为 0.6，如图 6.15 所示。

图 6.15 显示，戈壁粉土质砂在 $e-(p/p_a)^\xi$ 平面的临界状态线可以用直线来表示，这一点与石英砂相同。但是，直线并不是唯一的，而是不同初始孔隙比 e_0 的试样各自对应一条临界状态线，且各条线之间基本平行，即斜率 λ

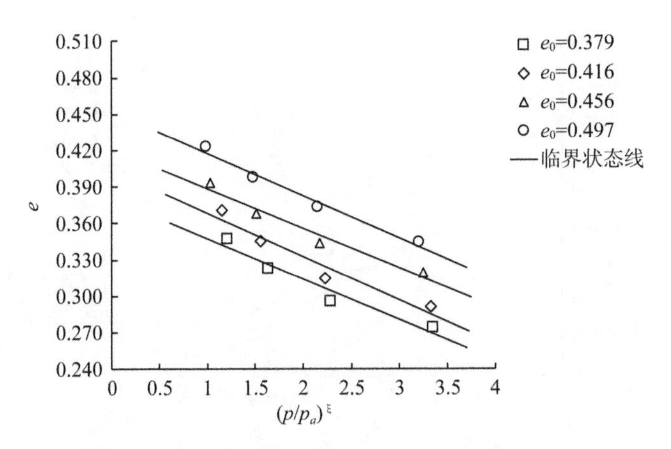

图 6.15 戈壁粉土质砂在 $e-(p/p_a)^{\xi}$ 的临界状态线

相同，截距 e_{Γ} 不同。戈壁粉土质砂在 $e-(p/p_a)^{\xi}$ 平面临界状态线的截距 e_{Γ} 与 e_0 有关，而不是唯一的直线，这与普通石英砂不同，而是类似于珊瑚砂和堆石料等易碎材料，其中，珊瑚砂的临界状态线如图 6.16 所示。

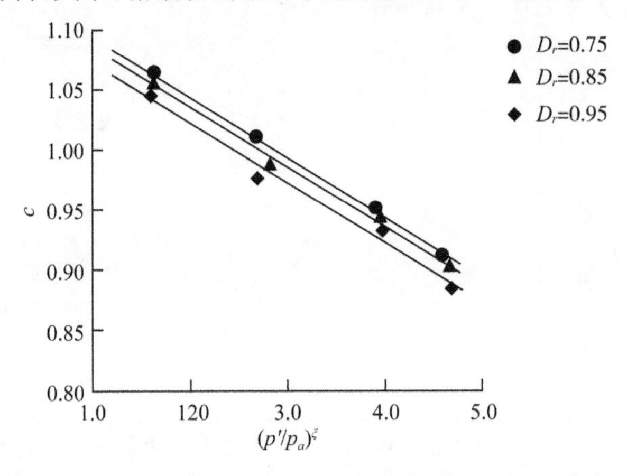

图 6.16 珊瑚砂在 $e-(p/p_a)^{\xi}$ 的临界状态线(蔡正银[115])

黏土的临界状态线一般用 $e-\ln p$ 平面内的直线来描述，工程实践表明戈壁粉土质砂同时具有砂土和黏土的性质，因此，我们继续将戈壁粉土质砂在临界状态时的$e-p$ 试验值绘制在 $e-\ln p$ 平面，如图 6.17 所示。结果表明，戈壁粉土质砂的临界状态在 $e-\ln p$ 平面也为直线，且直线拟合效果甚至优于图 6.15 中 $e-(p/p_a)^{\xi}$ 平面内的直线。

图 6.17 中，不同初始孔隙比 e_0 对应的临界状态线斜率 λ_c 都为 −0.042 4，截距 e_{Γ} 与 e_0 之间则存在显著的线性关系：

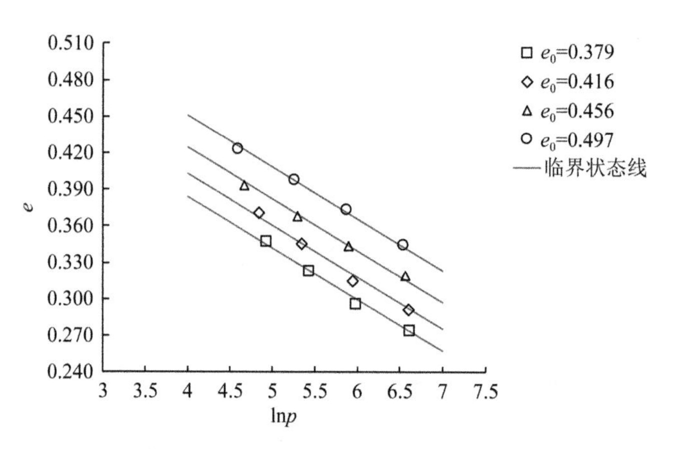

图 6.17　戈壁粉土质砂在 $e-\ln p$ 的临界状态线

$$e_\Gamma = e_{\Gamma 0} + k_c e_0 \tag{6.5}$$

e_Γ 与 e_0 之间的关系如图 6.18 所示，其中，参数 $e_{\Gamma 0}$ 为 0.646，k_c 为 0.305；拟合相关系数 R^2 为 0.969。

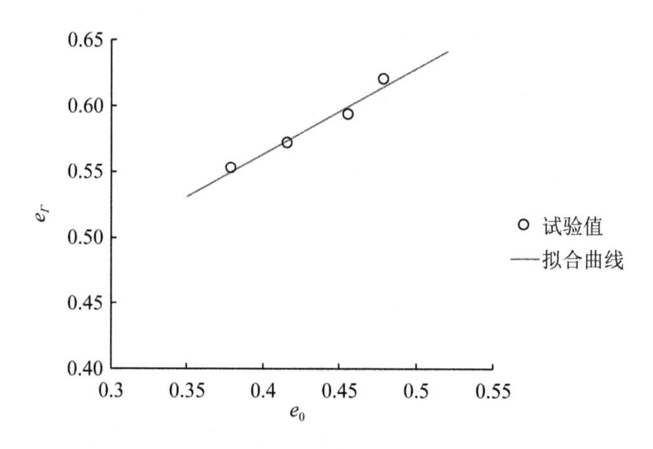

图 6.18　戈壁粉土质砂 e_Γ 与 e_0 的关系

将式(6.5)代入式(6.2)可得，该戈壁粉土质砂在任意初始孔隙比 e_0 下的临界状态线可以表示为：

$$e_c = e_{\Gamma 0} + k_c e_0 - \lambda_c \ln p \tag{6.6}$$

式(6.6)说明，戈壁粉土质砂的临界状态孔隙比 e_c 不仅与应力状态 p 相关，还与初始孔隙比 e_0 相关；普通砂土的临界状态孔隙比 e_c 则只与应力状态

p 相关。

2. $p-q$ 平面内临界状态线

人们确定临界状态应力比 M_c 时，通常在 $q-p$ 平面描绘临界状态剪应力 q 和临界状态正应力 p 的试验值，然后用通过原点的直线拟合，得到的斜率即是 M_c。图6.19给出了不同围压、不同初始孔隙比的16个试样在临界状态时的 $q-p$ 试验值散点图，并利用直线 $q=M_cp$ 进行了拟合，得到临界状态应力比 M_c 为1.376，拟合相关系数 R^2 高达0.981，接近于1。

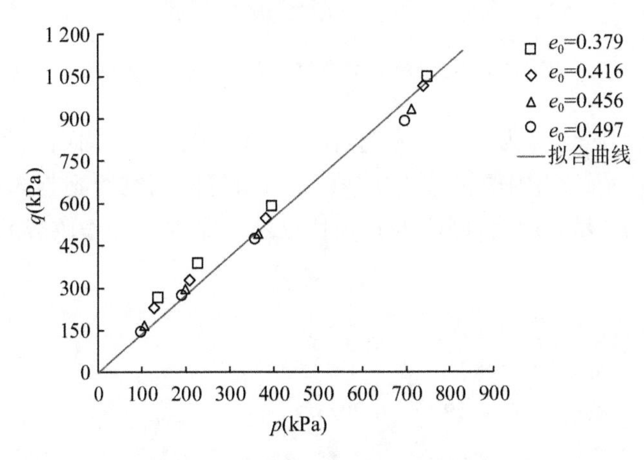

图6.19 戈壁粉土质砂 q 与 p 的关系

我们[121]此前在研究堆石料的临界状态应力比 M_c 时曾指出，$q=Mp$ 的拟合相关系数 R^2 接近于1不能作为评判 M_c 为定值的唯一标准。事实上，对于图6.19中拟合斜率 M_c，R^2 接近于1具有较大的欺骗性。图6.20中，e_0 为0.379、σ_3 为50 kPa时，M_c 为1.920，明显高于图6.19拟合得到的定值(M_c 为1.376)；e_0 为0.497、σ_3 为400 kPa时，M_c 为1.278，明显低于定值(M_c 为1.376)。因此，戈壁粉土质砂的临界状态应力比 M_c 并非定值，而是受到初始孔隙比 e_0 和围压 σ_3 的共同影响，这与普通石英砂的性质不同，如图6.20所示。

为了合理、综合描述 M_c 随初始孔隙比 e_0 和围压 σ_3 的关系，此处引入了剪切孔隙比增量 Δe_{ic-c}，其定义为加载剪切至临界状态这一阶段产生的孔隙比改变量，其表达式为：

$$\Delta e_{ic-c}=e_{ic}-e_c \tag{6.7}$$

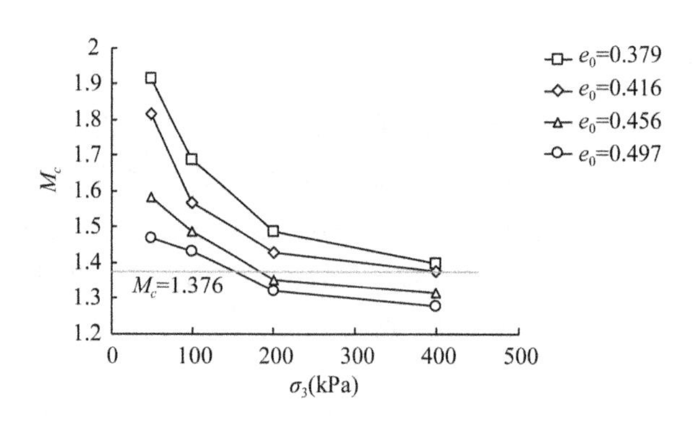

图 6.20　戈壁粉土质砂 M_c 与 e_0 和 σ_3 的关系

以初始空隙比 e_0 为 0.497 为例，在 $e-\ln p$ 平面等向固结线和临界状态线如图 6.21 所示，当围压 σ_3 为 400 kPa 时，由等向固结线到临界状态线，孔隙比 e 减小，应力 p 增大，减小的孔隙比 Δe_{ic-c} 是在加载至临界状态这一过程中产生的。

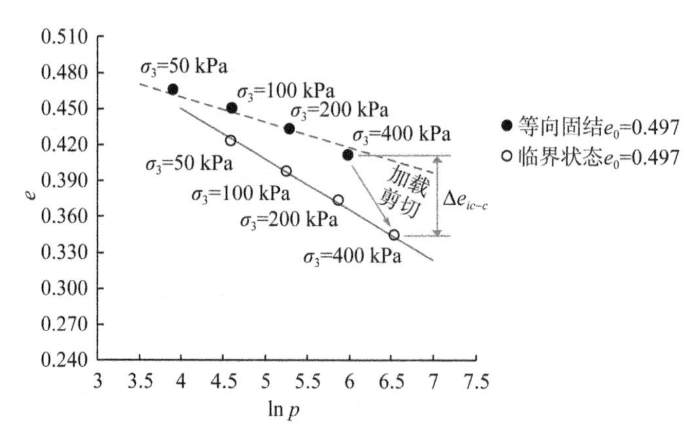

图 6.21　剪切孔隙比 Δe_{ic-c} 示意图

试验表明，M_c 与剪切孔隙比 Δe_{ic-c} 存在如下线性关系：

$$M_c = M_{c0} - k_{Mc} \Delta e_{ic-c} \tag{6.8}$$

式中，M_{c0} 和 k_{Mc} 为材料参数，分别为截距和斜率，如图 6.22 所示。

在图 6.22 中，M_{c0} 为 1.985，k_{Mc} 为-11.06；拟合相关系数 R^2 为 0.961。图 6.22 描述的 M_c 变化特性与普通石英砂 M_c 为定值的规律具有显著差异，进一步说明了戈壁粉土质砂是一种性质较为特殊的土体。

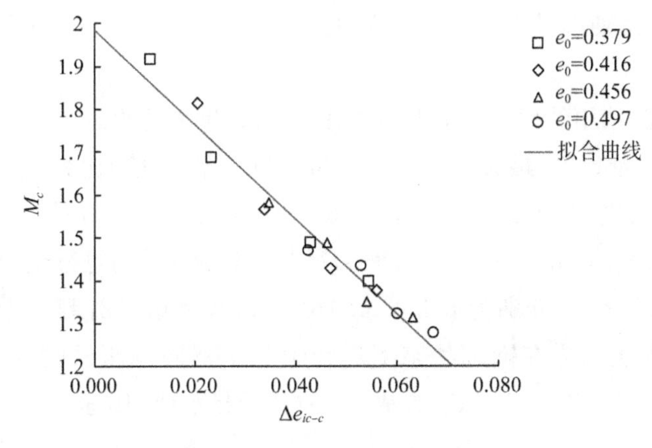

图 6.22 M_c 与 Δe_{ic-c} 的关系

6.3.7 结论

针对饱和戈壁粉土质砂的临界状态开展了试验研究，得到如下结论：

(1) 饱和戈壁粉土质砂在 $e-(p/p_a)^\xi$ 平面和 $e-\ln p$ 平面的临界状态线都可以用直线较好地描述，且 $e-\ln p$ 平面内的直线拟合效果优于 $e-(p/p_a)^\xi$ 平面。

(2) 饱和戈壁粉土质砂在 $e-\ln p$ 平面内的临界状态线并不是唯一的，而是与不同初始孔隙比 e_0 的试样各自对应的一条临界状态线，且各条线之间基本平行，即斜率 λ 相同，截距 e_Γ 不同，且与 e_0 成正线性关系。

(3) 饱和戈壁粉土质砂的临界状态应力比 M_c 并非定值，而是随着孔隙比 e_0 和围压 σ_3 的增大而减小，并与剪切孔隙比(加载剪切开始至达到临界状态产生的孔隙比)成负线性关系。

(4) 饱和戈壁粉土质砂的临界状态特性与普通石英砂存在显著差异，但是接近珊瑚砂、堆石料等易破碎材料。

6.4 砂砾石的临界状态

6.4.1 试验简介

本次试验采用水利部土石坝破坏机理与防控技术重点实验室的大型三轴剪切试验仪，该仪器可进行不同应力路径条件下粗颗粒料的大型三轴剪切试验。试样尺寸为直径 300 mm，长 700 mm，仪器主要技术指标为：最大围压

2.5 MPa,最大轴向荷载 700 kN,最大轴向动出力 500 kN,最大垂直变形 150 mm。

本次试验选用的材料为某大坝的砾石料,缩尺之后的最大粒径为60 mm,颗粒比重 G_s 为 2.78,最大孔隙比 e_{max} 为 0.562,最小孔隙比为 e_{min} 为 0.238。依据各粗粒土级配、干密度要求,按 60～40 mm、40～20 mm、20～10 mm、10～5 mm、5～1 mm、1～0 m 的 6 种粒径范围分成 5 等份进行试样的称取。

制样孔隙比 e_0 分别为 0.352、0.320、0.301 和 0.272,制样干密度如表 6.8 所示。每组试样在饱和状态下进行了 4 个不同围压试验,即 300 kPa、600 kPa、900 kPa 和 1 200 kPa 的常规三轴固结排水剪切试验。

表 6.8　砂砾石料三轴固结排水剪切试验方案

e_0	制样干密度(g/cm^3)	围压(kPa)
0.352	2.06	300、600、900、1 200
0.320	2.11	300、600、900、1 200
0.301	2.14	300、600、900、1 200
0.272	2.19	300、600、900、1 200

6.4.2　粗粒土在临界状态时的颗粒破碎规律

目前关于粗粒土颗粒破碎的三轴固结排水剪切试验数据虽然较多,但是试验通常加载到出现峰值应力或者在 15%的轴向应变时停止,而粗粒土的临界状态一般出现在 20%～30%的轴向应变,即此前的颗粒破碎试验无法准确反映临界状态时的颗粒破碎规律。土体的临界状态被定义为一个极限状态,在此状态下,围压、剪切力、体积应变保持恒定而剪切应变无限发展。在本试验中,每个试样加载到轴向应变大于 20%时,开始出现偏应力和体变趋于定值的特征,即土体达到临界状态。

图 6.23(a)给出了制样孔隙比 e_0 为 0.352 时,不同围压下的试样在试验后各粒组含量的变化;图 6.23(b)则给出了各试样在试验后具体的级配分布曲线。图 6.23(a)中所谓粒组含量的变化,即利用试验后各个粒组的含量减去初始级配对应粒组的含量。

从图 6.23 可以看出关于颗粒破碎的两个特征:第一个特征是对于任意一个特定的粒组,粒组含量的变化量随着围压的增加而增大,如图 6.23(a)所示。以 60～40 mm 这一粒组为例,围压为 300 kPa 时,该粒组含量在试验之后降低了2.1%，而围压为1 200 kPa时，这该粒组含量降低了6.6%。可见，围压越高，各个粒组含量变化越大，即颗粒破碎的程度随着围压的增加而增大，试验后的级配曲线偏离初始级配曲线越远，如图6.23(b)所示。

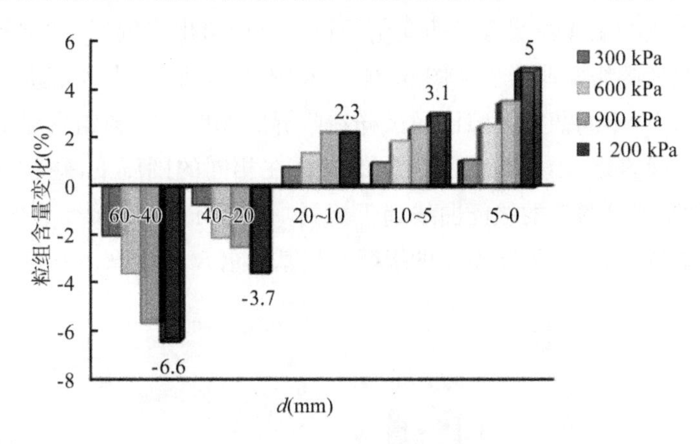

(a) 各试样粒组含量的变化(e_0=0.352)

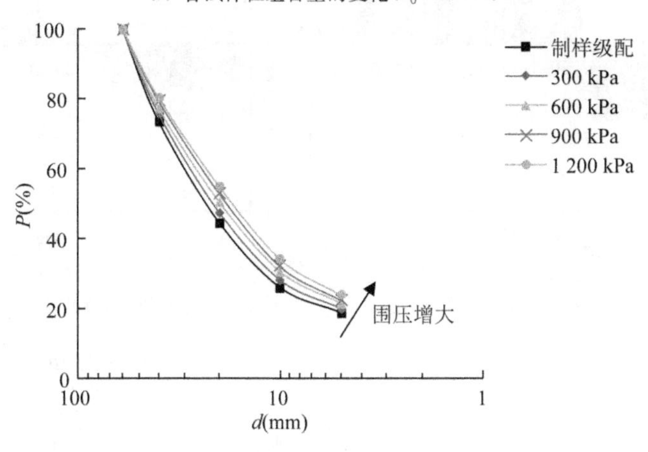

(b) 各试样级配分布曲线(e_0=0.352)

图6.23　相同孔隙比的试样在不同围压下的颗粒破碎规律

第二个特征是无论是在低围压还是高围压，都是60～40 mm和40～20 mm这两个粒组的含量降低，而20～10 mm、10～5 mm和5～0 mm这3个粒组的含量增加，如图6.23(a)所示。由此可以推断，即使继续增加围压，颗粒破碎也不会无限制发展，比如不会出现60～5 mm的大粒径颗粒都破碎变为5～0 mm的极端情况。这一现象与Einav[124]的观点相吻合，即对于一个特定级配的粗粒土，颗粒破碎不会无限发展，而是存在一个极限级配。

简言之，初始级配和孔隙比一定时，围压对粗粒土的颗粒破碎影响显著：围压越高，颗粒破碎越严重。

图 6.24(a)和图 6.24(b)分别给出了围压 1 200 kPa 和围压 300 kPa 时不同初始孔隙比的试样粒组含量的变化，图 6.24(c)给出了围压 1 200 kPa 时各试样在试验后的级配曲线。从图 6.24(a)和图 6.24(b)可见，无论是在低围压还是高围压下，不同初始孔隙比的试样在临界状态时各个粒组含量的变化量几乎相等。换言之，不同初始孔隙比的试样在相同的围压下，颗粒破碎的程度是相同的，即试验后的级配曲线趋于相同。以围压 1 200 kPa 为例，初始孔隙比不同的试样，在临界状态时的级配曲线基本重合，如图 6.24(c)所示。

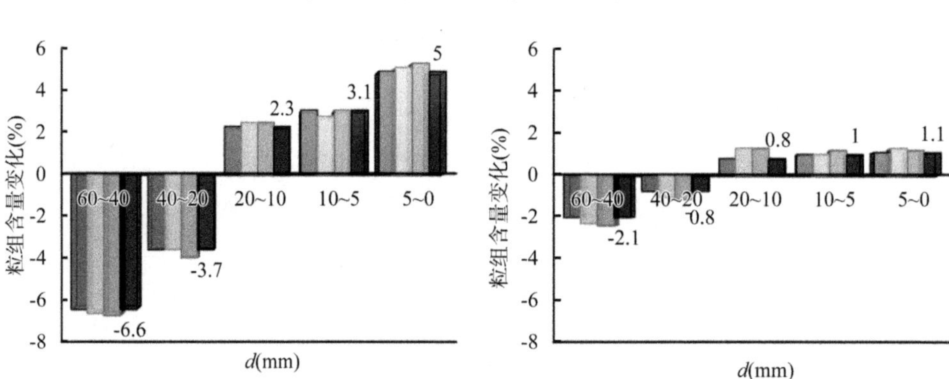

(a) 各试样粒组含量的变化(σ_3=1 200 kPa)

(b) 各试样粒组含量的变化(σ_3=300 kPa)

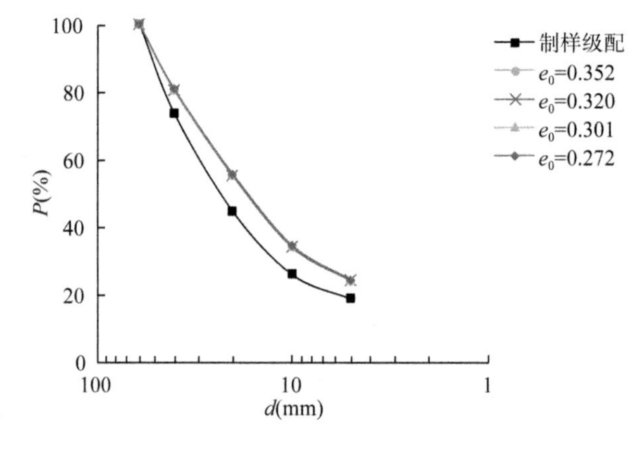

(c) 各试样级配分布曲线(σ_3=1 200 kPa)

图 6.24 不同孔隙比的试样在相同围压下的颗粒破碎规律

简言之,初始级配和围压一定时,孔隙比对于粗粒土的颗粒破碎几乎无影响,不同初始孔隙比的试样达到临界状态时趋向于相同的级配。

综上所述,初始级配相同的粗粒土在临界状态时的颗粒破碎程度只与围压成正相关,而与初始孔隙比无关。不同初始孔隙比的试样在相同围压下都会趋向于同一级配。

6.4.3　粗粒土的强度变形特性

图6.25给出了相同初始孔隙比(以 $e_0=0.352$ 为例)、不同围压下的三轴固结排水剪切试验试样应力应变关系曲线。由图6.25(a)可见,围压越高,则偏应力 q 越大。该初始孔隙比下的试样在不同围压下的偏应力都出现不同程度的软化,即偏应力随着轴向应变的增加而增大到峰值,随后开始缓慢减小到某一稳定值。软化的程度随着围压的增加而降低,在低围压300 kPa时,偏应力达到峰值之后减小幅度较为明显,即软化显著;高围压1 200 kPa时,偏应力曲线在达到峰值之后近乎水平发展,即软化现象较弱。由此可以推测,在该初始孔隙比下的试样,继续加大试验围压,软化现象会消失甚至变为应变硬化。但总的来说,偏应力进入软化或硬化阶段之后,不会持续较小或增大,而是趋向于某个稳定值,即临界状态偏应力,且围压越高,临界状态偏应力越大。

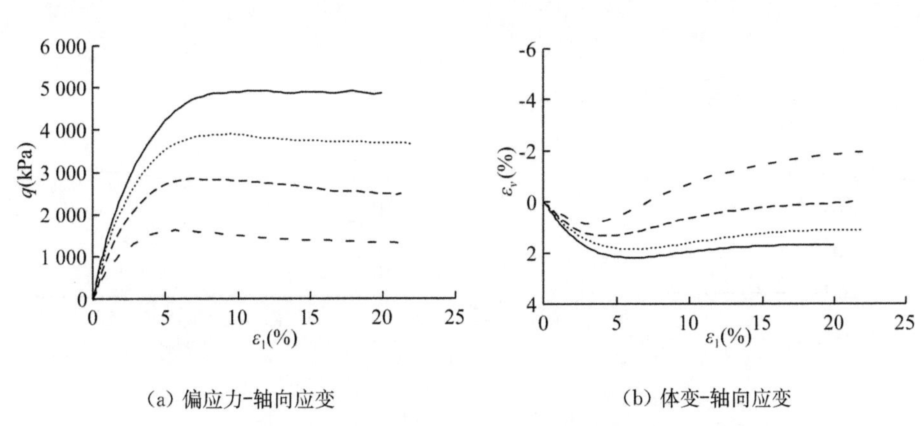

(a) 偏应力-轴向应变　　　　(b) 体变-轴向应变

图6.25　粗粒土固结排水剪切试验应力应变关系($e_0=0.352$)

孔德志[125]利用钢珠模拟三轴固结排水剪切试验发现,围压在100 kPa～1 200 kPa范围内,钢珠三轴固结排水剪切试验试样的体变基本都是剪胀。由

图 6.25(b)可见,低围压砾石料试样的体变特征是先剪缩,然后随着轴向应变的增加而出现显著的剪胀,如图 6.25(b)中围压为 300 kPa 和 600 kPa 的体变曲线所示;当围压较大时,剪胀性减弱,甚至有消失的趋势,如图 6.25(b)中围压为 1 200 kPa 的体变曲线所示。其原因可以利用上一节中所揭示的颗粒破碎与围压的关系来解释:颗粒破碎随着围压的增加而加剧,在高围压状态下,粗粒土发生较大程度的颗粒破碎,颗粒破碎和重排列所产生的体缩抵消了部分甚至是全部的体胀,使得总体变呈现出弱剪胀甚至是无剪胀的规律。

总的来说,当试样的初始孔隙比一定时,其临界状态时的应力和体积变形都受围压的显著影响:围压越高,临界状态偏应力越高、剪胀性越弱甚至无剪胀;反之,围压越低,临界状态偏应力越低、剪胀性越显著。

图 6.26 给出了相同围压(以 σ_3 为 1 200 kPa 为例)、不同初始孔隙比的三轴固结排水剪切试验试样应力应变关系曲线。由图 6.26(a)可见,初始孔隙比对于粗粒土的应力影响主要体现在峰值偏应力:初始孔隙比越小则峰值偏应力越大,随后都逐渐趋向于同一个临界状态偏应力。换言之,粗粒土的临界状态偏应力与初始孔隙比无关。

由图 6.26(b)可见,孔隙比越小则试样剪胀性越强,且临界状态时的体变量并不相同,这与临界状态偏应力的规律不同。对于这一点,将在下一节确定了粗粒土的临界状态方程之后再解释。

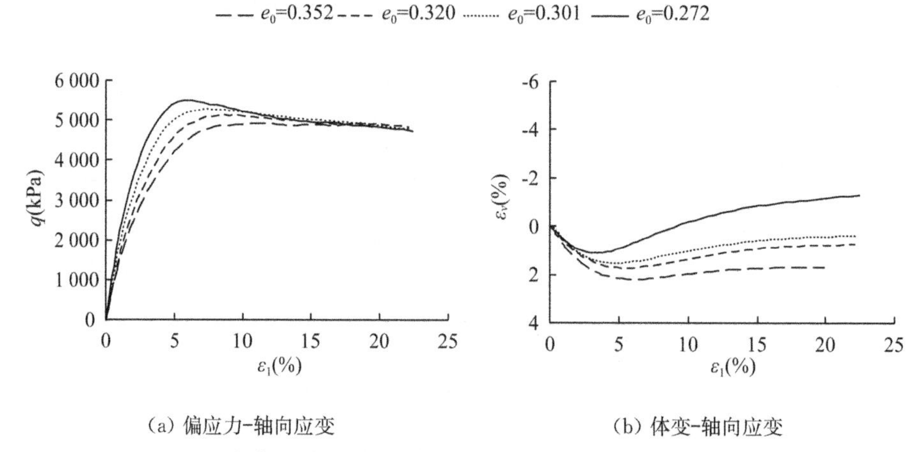

图 6.26 粗粒土固结排水剪切试验应力应变关系(σ_3=1 200 kPa)

综上所述,粗粒土在临界状态时的体积变形受到围压和初始孔隙比的共同影响:围压越低、初始孔隙比越小则体变的剪胀性越显著,反之则剪胀性越弱甚至无剪胀；但是临界状态偏应力与初始孔隙比无关，而只与围压成正相关。

6.4.4 临界状态应力比

人们描述临界状态应力比时，通常在 $q-p$ 平面描绘临界状态偏应力 q_c 和临界状态正应力 p_c 的关系。图 6.27 给出了我们不同围压、不同初始孔隙比的 16 个试样在临界状态时的 q_c-p_c 散点，并利用直线 $q_c=M_cp_c$ 进行了拟合，得到临界状态应力比 M_c 为 1.722，拟合相关系数 R^2 高达 0.997，接近于 1。那么是否就可以得出结论：粗粒土的临界状态应力比 M_c 为定值？

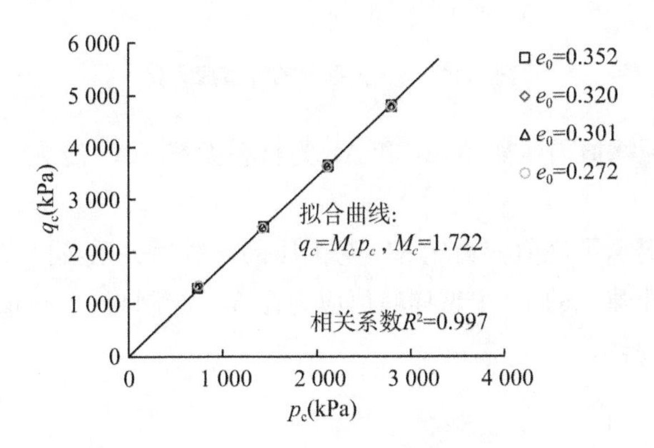

图 6.27 $q-p$ 平面的临界状态应力比

目前有较多的研究者对于上述问题的答案是肯定的，即认为 M_c 是定值，与初始孔隙比和围压都无关。针对这一点，我们先给出一个类似的反例来说明在 $q-p$ 平面内尽管拟合相关系数 R^2 接近于 1 也并不能说明应力比为定值。图 6.28 给出了这 16 个试样在偏应力峰值时对应的峰值偏应力 q_f 和峰值正应力 p_f 散点图，并利用直线 $q_f=M_fp_f$ 进行拟合，得到峰值应力比 M_f 为 1.817，拟合相关系数 R^2 也高达 0.989，同样接近于 1。

若单从 R^2 接近于 1 的角度似乎可以认为图 6.28 中峰值应力比 M_f 为定值，与围压和初始孔隙比都无关。而实际上，一个众所周知的事实是粗粒土的峰值强度具有显著的非线性，其中，与围压的关系最常见的表达式是来自于邓肯-张模型[111]：

$$\varphi=\varphi_0-\Delta\varphi\lg\left(\frac{\sigma_3}{p_a}\right)\text{，}M_f=\frac{6\sin\varphi}{3-\sin\varphi} \tag{6.9}$$

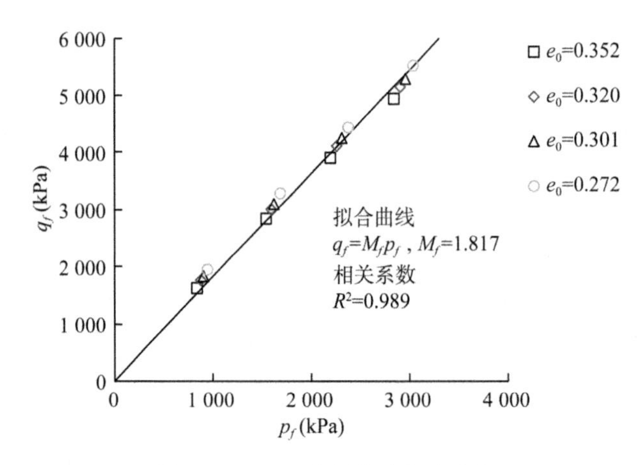

图 6.28　$q-p$ 平面的峰值应力比

其中，φ 为峰值内摩擦角，φ_0 和 $\Delta\varphi$ 为材料参数。$\Delta\varphi$ 越大，说明强度非线性越显著。

式(6.9)揭示了峰值应力比 M_f 与围压的非线性关系，进一步地将不同围压、不同初始孔隙比的 16 个试样峰值应力比 M_f 绘制与 $M_f \sim \lg(\sigma_3/p_a)$ 坐标系，如图 6.29 所示。

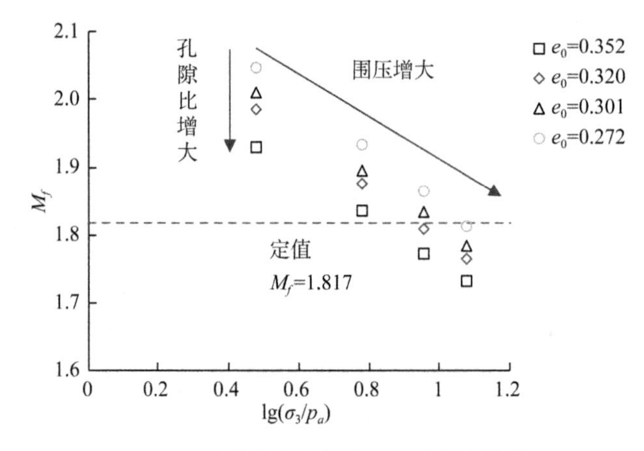

图 6.29　峰值应力比与围压和孔隙比的关系

由图 6.29 可见，围压相同时，峰值应力比 M_f 随着初始孔隙比的增大而减小；初始孔隙比相同时，M_f 随着围压的增大而减小。其中，峰值应力比 M_f 最大值为 2.048，最小值为 1.733，都远远偏离了图 6.28 中拟合直线确定的定值 1.817。将 M_f 根据式(6.9)换算为峰值内摩擦角 φ 的形式，得到 4 组不同

e_0 试样的 $\Delta\varphi$ 平均值为 8.8°，可见峰值强度的非线性较为显著。由此可见，简单地根据图 6.28 中 q_f-p_f 散点呈现显著的线性关系（R^2 接近于 1）来判断峰值应力比 M_f 为与初始孔隙比和围压无关的定值是不合理的。

同理，根据图 6.27 中 R^2 接近于 1 来判断临界状态应力比 M_c 与初始孔隙比和围压无关也值得商榷，其拟合相关系数 R^2 更接近于 1，那么 M_c 与初始孔隙比和围压的关系是否类似于 M_f？首先，将 16 个试样的临界状态应力比根据式(6.10)换算为临界状态内摩擦角的形式 φ_c，并绘制 $\varphi_c-\lg(\sigma_3/p_a)$ 平面，如图 6.30 所示。

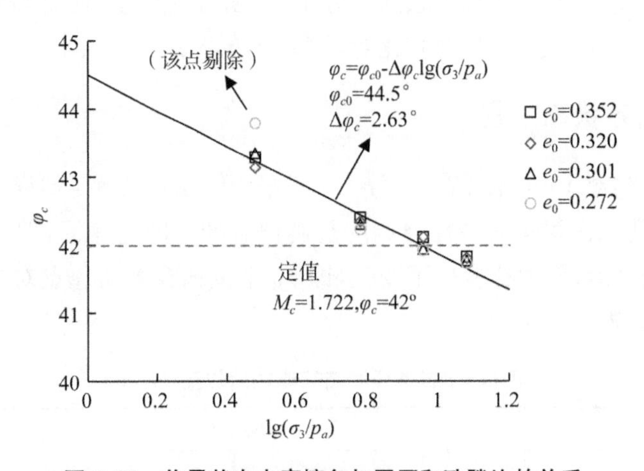

图 6.30 临界状态内摩擦角与围压和孔隙比的关系

$$\varphi_c=\arcsin\frac{3M_c}{6+3M_c} \tag{6.10}$$

图 6.30 展现了临界状态摩擦角 φ_c 的 3 个特征：一是当围压相同时，不同初始孔隙比的试样 φ_c 基本相等，除了围压 300 kPa 时，$e_0=0.272$ 的试样与其他 3 个试样的 φ_c 偏差较大，可能是试验误差，该试验点可以剔除；二是不同的试样特别是围压较小时（如 300 kPa），φ_c 与图 6.27 确定的定值 φ_c 为 42.0°（即 M_c 为 1.722）之间的差异较为显著；三是初始孔隙比相同时，φ_c 随着围压的增加而减小，该规律也可以用类似于式(6.11)的非线性关系来表示：

$$\varphi_c=\varphi_{c0}-\Delta\varphi_c\lg\left(\frac{\sigma_3}{p_a}\right)\ ,\ M_c=\frac{6\sin\varphi_c}{3-\sin\varphi_c} \tag{6.11}$$

其中，φ_c 为临界状态内摩擦角，φ_{c0} 和 $\Delta\varphi_c$ 为材料参数。

将围压为 300 kPa、e_0 为 0.272 的试验点剔除，并利用式(6.9)对剩余 15 个试验点 φ_c - $\lg(\sigma_3/p_a)$关系进行拟合，得到参数 φ_{c0} 为 44.5°、$\Delta\varphi_c$ 为 2.63°，如图 6.30 所示，拟合曲线能够较好地描述 φ_c 与 $\lg(\sigma_3/p_a)$之间的关系。

以下可以从颗粒破碎的角度来分析图 6.30 中 $\varphi_c(M_c)$与围压的关系。6.4.2 节总结了围压越大，颗粒破碎越严重，这说明粗粒土在临界状态时的级配、密实度等性质并不相同，从而引起了临界状态应力比 M_c 会随围压的变化而变化的情况。

综上所述，粗粒土的临界状态应力比 M_c 并不是定值，而是与围压之间存在一定的非线性关系；初始孔隙比对于 M_c 的影响则可以忽略。

6.4.5 临界状态方程

我们继续对 16 个试样在 $e-(p/p_a)^{\xi}$ 平面的性质进行了研究。值得注意的是，初始孔隙比相同的试样强调的是制样时的孔隙比相同，但是在不同的围压下固结之后，孔隙比发生了变化，即 16 个试样在剪切起点对应的孔隙比都不相同，如表 6.9 所示。

表 6.9 各试样固结完成之后的孔隙比 e

初始孔隙比 e_0	围压(kPa)			
	300	600	900	1 200
0.352	0.319	0.316	0.315	0.310
0.320	0.309	0.307	0.303	0.300
0.301	0.290	0.289	0.287	0.286
0.272	0.265	0.263	0.262	0.261

图 6.31 给出了 16 个试样在临界状态时的 $e-(p/p_a)^{\xi}$ 散点图。由图 6.31 可总结出关于临界状态的两个特征：一是围压相同、孔隙比不同的试样在 $e-(p/p_a)^{\xi}$ 平面达到临界状态时基本趋向于同一个点，除了 e_0 为 0.272 时，围压为 600 kPa 和 900 kPa 的两个试样偏差较为明显。可能原因是 e_0 为 0.272 时的试样已非常密实，制样孔隙比和剪切起点的孔隙比都很小，因此在整个剪切过程中的体变量都较小，更容易出现试验误差。二是初始孔隙比相同、围压不同的试样，在临界状态时呈现出围压越大，则临界状态孔隙比 e_c 越小、临界状态正应力 p 越大的特点。

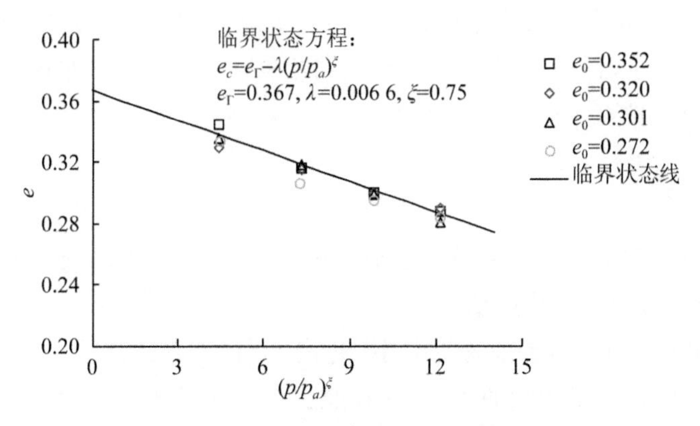

图 6.31　e-$(p/p_a)^\xi$ 平面的临界状态线

利用式(6.2)对图 6.31 中的 16 个散点进行拟合，得到该粗粒土的临界状态线，及其参数为 e_Γ 为 0.367，λ 为 0.006 6，ξ 为 0.75，如图 6.31 所示。由图 6.31 可见，初始级配相同，围压和初始孔隙比不同的试样，临界状态在 e-$(p/p_a)^\xi$ 平面能够用同一条临界状态线较好地描述，即 e_Γ 可以认为是一个与初始孔隙比无关的常数。

图 6.31 中关于临界状态与围压的关系容易理解，即围压越大临界状态应力 p 越大、孔隙比 e 越小。目前争议的焦点在于临界状态是否与初始孔隙比无关，这一点可以从颗粒破碎的角度来分析。6.4.3 节揭示了不同初始孔隙比的试样在相同的围压下趋向于相同的级配、相同的偏应力。那么根据这个试验现象反推：为什么不同的试样在围压相同、级配相同时还能表现为偏应力相同，那只能说明这些试样所处的密实状态(孔隙比)也相同。因此，初始孔隙比不同的试样在临界状态时的孔隙比和正应力相同，具体表现为：在 e-$(p/p_a)^\xi$ 平面趋向于同一个点，如图 6.31 所示。

我们进一步地根据图 6.31 可以解释不同初始孔隙比的试样在相同围压下，临界状态剪应力 q 相同，而临界状态体变量 ε_v 则显著不同。这是由于初始孔隙比 e_0 不同、围压相同的试样，在图 6.31 中 e-$(p/p_a)^\xi$ 平面会趋向于同一个点，即临界状态时的孔隙比 e 是相同的，而孔隙比 e 与体变量 ε_v 的关系为：

$$e=e_0-(1+e_0)\varepsilon_v \tag{6.12}$$

由式(6.12)可见，由于初始孔隙比 e_0 不同的试样在相同围压下临界状态孔隙比 e 相同，则临界状态时的体变量 ε_v 不同。

综上所述，粗粒土的临界状态在 $e-(p/p_a)^{\xi}$ 平面可以用直线 $e_c=e_{\Gamma}-\lambda(p/p_a)^{\xi}$ 来描述，且对于同一初始级配的粗粒土，临界状态方程的参数为常数，与围压和初始孔隙比无关。

6.4.6 结论

本章通过试验研究了粗粒土在临界状态时的颗粒破碎规律及其对临界状态的影响，得出如下几点结论：

(1) 粗粒土处于临界状态时，围压越高，颗粒破碎越严重；而不同初始孔隙比的试样则趋向于相同的级配，即孔隙比对于粗粒土在临界状态时的颗粒破碎几乎无影响。

(2) 粗粒土临界状态偏应力与围压成正相关，而与初始孔隙比无关，体积变形则受围压和初始孔隙比的共同影响。

(3) 粗粒土的临界状态应力比 M_c 并不是定值，而是与围压之间呈现出非线性的关系；初始孔隙比对于 M_c 的影响则可以忽略。

(4) 初始级配相同，围压和初始孔隙比不同的试样，临界状态在 $e-(p/p_a)^{\xi}$ 平面可以用同一条临界状态线来描述，即临界状态方程的参数可以认为是与初始孔隙比和围压无关的常数。

6.5 本章小结

本章以珊瑚砂、戈壁粉土质砂和砂砾石料这 3 种粗粒土作为研究对象，主要探讨了土体在 $e-p$ 平面和 $p-q$ 平面的临界状态，得到以下结论：

(1) 粗粒土在 $e-p$ 平面内的临界状态线可描述为 $e-(p/p_a)^{\xi}$ 平面的直线，这一现象在众多文献中已多次证实，我们选取的珊瑚砂、戈壁粉土质砂和砂砾石料这 3 种粗粒土的试验结果也同样验证了这一观点。目前存在争议的地方在于，对于同一种土 $e-(p/p_a)^{\xi}$ 平面的临界状态线是否与初始孔隙比相关，围绕这一争议点，本书在下一章节将继续以堆石料为例，开展更为深入系统的试验研究。

(2) 粗粒土在 $p-q$ 平面的临界状态线的讨论，本质上是关于临界状态应力比 M_c 是否为定值的争议。我们选取的珊瑚砂、戈壁粉土质砂和砂砾石料这 3 种粗粒土的试验结果均表明，M_c 并不为定值，但这 3 种土体试验结果的规律并不显著。本书将在下一章节将继续以堆石料为例，揭示 M_c 不为定值的原因，并建立定量关系式。

第7章 粗粒土临界状态线漂移机理

7.1 引言

当前，关于粗粒土临界状态有如下共识：临界状态线在 $e-(p/p_a)^{\xi}$ 空间是直线，当初始级配固定时，不同初始孔隙比土体对应的临界状态线是不同的，但是基本平行；当初始级配不同时，临界状态线是不平行的。可见，级配和孔隙比的改变能够导致临界状态线的漂移，主要原因在于颗粒破碎的影响。但是，颗粒破碎如何驱动临界状态线的漂移，其内在机理尚不明确，主要原因在于室内试验中无法单独将颗粒破碎导致的变形从试验观测值中剥离，因而颗粒破碎与临界状态线漂移之间的定量关系始终无法建立。基于此，本章将首先提出颗粒不破碎条件下的理论临界状态线，并以此作为参考线，定量研究不同颗粒破碎的驱动下临界状态点的漂移轨迹，以"点"带"线"，进一步从机理上揭示粗粒土临界状态线的漂移机理。

7.2 试验方案

本次试验用土料为堆石料，主要成分为白云质灰岩，岩性单一、均匀，颗粒形状呈棱角状，G_s 为 2.77，最大粒径为 60 mm，各粒组颗粒如图 7.1 所示。

首先，将土料配置为 4 种级配，级配的表征采用级配参数 I_G 进行定义，即为颗粒破碎量 B_t 与颗粒破碎势 B_p 的比值，其示意图如图 7.2 所示，设计 4 种级配曲线如图 7.3 所示。

表 7.1 中，选择 4 种级配中细颗粒含量最多的级配曲线作为参考级配，则该级配的级配参数 $I_G=0$，根据 I_G 的定义，分别计算得到另外 3 个设计级配的级配参数 I_G 值为 0.054，0.110 和 0.170。4 种级配土料的基本物理参数如表 7.1 所示。

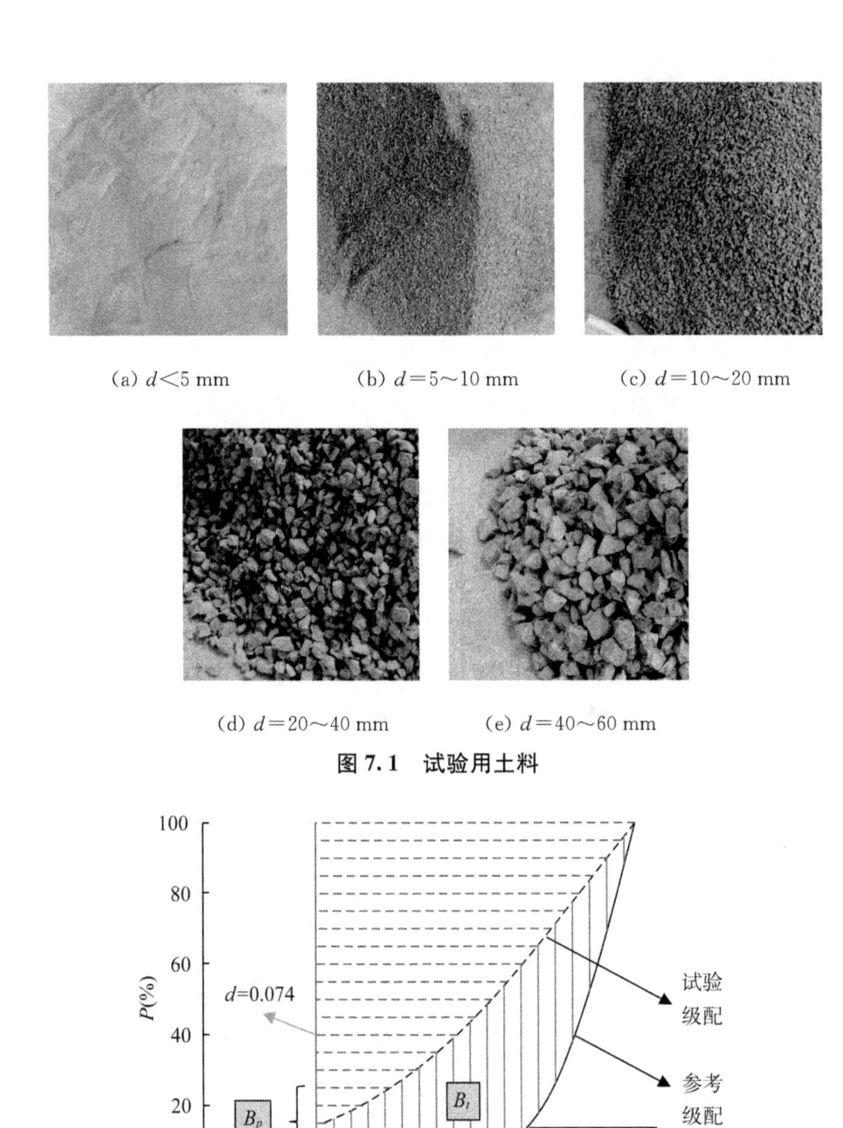

(a) $d<5$ mm　(b) $d=5\sim10$ mm　(c) $d=10\sim20$ mm

(d) $d=20\sim40$ mm　(e) $d=40\sim60$ mm

图 7.1　试验用土料

图 7.2　级配参数 I_G 的定义

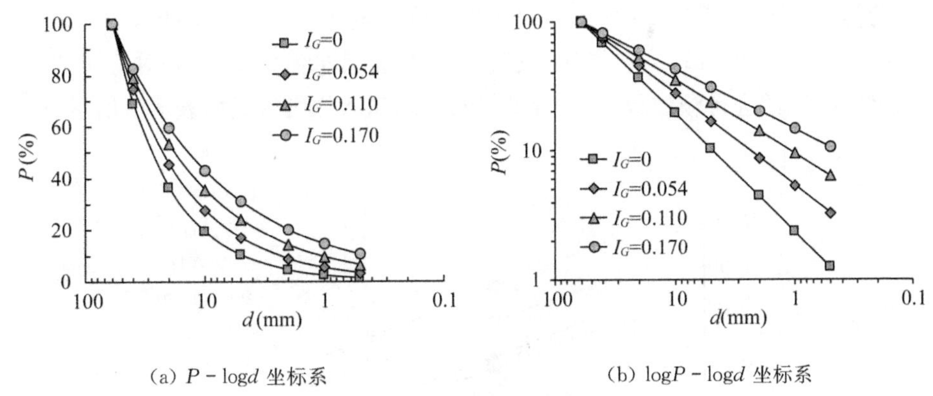

(a) $P-\log d$ 坐标系　　(b) $\log P-\log d$ 坐标系

图 7.3　试验土料初始级配

表 7.1　4 种级配土料基本物理参数

分组	D_1	D_2	D_3	D_4
I_G	0	0.054	0.110	0.170
C_u	6.00	10.55	17.23	18.77
C_c	1.18	1.64	2.17	1.70
e_{max}	0.672	0.601	0.582	0.554
e_{min}	0.279	0.250	0.201	0.192

试验为固结排水三轴剪切试验，包括固结和剪切两个过程，试验步骤详述如下：

（1）试样饱和后，关闭排水阀。施加围压至设计值并维持恒定，测定孔隙水压力稳定后的读数。

（2）打开排水阀，每隔 20～30 s 测记排水量和孔隙水压力读数各一次，直至排水完成，孔隙水压力完全消散，即认为试样固结完成。

（3）试样固结完成后，不关闭排水阀，使试样保持排水，以 2.0 mm/min 的剪切速率进行剪切，当轴向应变为 20%时试验停止，同时测记剪切过程中的轴向压力计、轴向位移计和体变管读数。

试样剪切完成后，拆样并将其风干。将风干样分别通过 5 mm、10 mm、20 mm 和 40 mm 筛目进行筛分，称量 0～5 mm、5～10 mm、10～20 mm、20～40 mm、40～60 mm 等粒组的颗粒质量并测定其风干含水率，然后将其与剪切前的相应粒组成分进行对比。

4 种级配试样控制相对密度分别为 0.60、0.75、0.90 和 1.00，换算得到对应的初始孔隙比如图 7.4 所示。对每种密度的试样分别在 300 kPa、600 kPa、1 000 kPa 和 1 500 kPa 4 种围压下进行三轴固结排水剪切试验，并对剪切试验结束后的试样进行颗粒分析，合计 64 组试验，试验详细方案如表 7.2 所示。

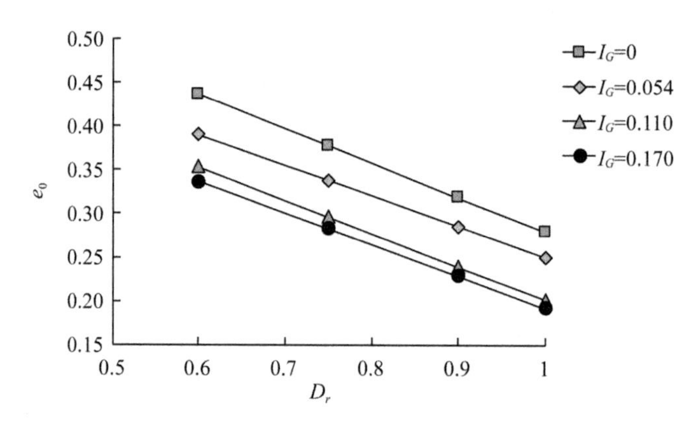

图 7.4　试验土料初始孔隙比

表 7.2　64 组三轴固结排水剪切试验详细方案

大组分类	小组分类	I_G	D_r	e_0	σ_3(kPa)
D_1	D_1E_1	0	0.60	0.438	300/600/1 000/1 500
—	D_1E_2	—	0.75	0.376	—
—	D_1E_3	—	0.90	0.324	—
—	D_1E_4	—	1.00	0.279	—
D_2	D_2E_1	0.054	0.60	0.390	—
—	D_2E_2	—	0.75	0.339	—
—	D_2E_3	—	0.90	0.287	—
—	D_2E_4	—	1.00	0.250	—
D_3	D_3E_1	0.110	0.60	0.354	—
—	D_3E_2	—	0.75	0.298	—
—	D_3E_3	—	0.90	0.245	—
—	D_3E_4	—	1.00	0.201	—
D_4	D_4E_1	0.170	0.60	0.336	—
—	D_4E_2	—	0.75	0.284	—
—	D_4E_3	—	0.90	0.228	—
—	D_4E_4	—	1.00	0.192	—

按照本试验方案对所选堆石料开展试验研究，不仅可以研究级配、密度、应力水平影响下的堆石料颗粒破碎规律，而且可以系统深入地开展研究级配、密度、应力水平及颗粒破碎等因素对堆石料强度与变形特性的影响，进而研究堆石料的临界状态理论及临界状态线的漂移规律。

7.3　考虑级配影响的等向固结线统一方程

等向固结点表示的是土体在等向压缩条件下孔隙比与应力的对应关系，对于三轴固结排水剪切试验而言，等向固结点可以视为试样固结稳定后、剪切开始前的状态。以级配 I_G 为 0.054 为例，当初始孔隙比 e_0 为 0.287(D_r 为 0.9)时，试样分别在围压 300 kPa、600 kPa、1 000 kPa 和 1 500 kPa 下达到固结稳定，对应的固结孔隙比 e_i 分别为 0.267、0.254、0.245 和 0.238；试样固结稳定后继续进行排水剪切试验，得到的应力应变曲线如图 7.5 所示，当轴向应变达到 20%时，剪应力和体变基本稳定，即达到了临界状态点，此时对应的孔隙比为临界状态孔隙比 e_c。

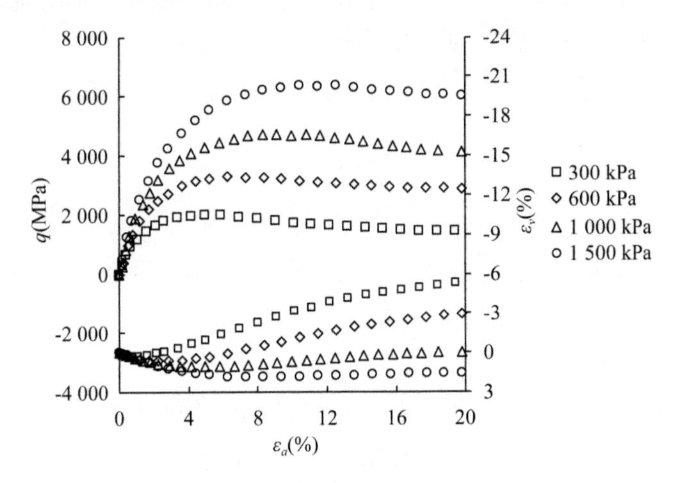

图 7.5　I_G=0.054、e_0=0.287(D_r=0.9)应力应变曲线

分别将等向固结点和临界状态点绘制于 $e-(p/p_a)^{\xi}$ 平面(ξ=0.7)，如图 7.6 所示，可以初步得到：当级配 I_G 与初始孔隙比 e_0 一定时，随着围压 σ_3 的变化，在 $e-(p/p_a)^{\xi}$ 平面，等向固结点和临界状态点的轨迹都能用直线较好地描述，轨迹线分别为等向固结线和临界状态线。在此基础上，我们将进一步探讨当初始级配 I_G、初始孔隙比 e_0 和围压 σ_3 都变化时，如何统一描述 $e-(p/p_a)^{\xi}$ 平面内的等向固结线和临界状态线。

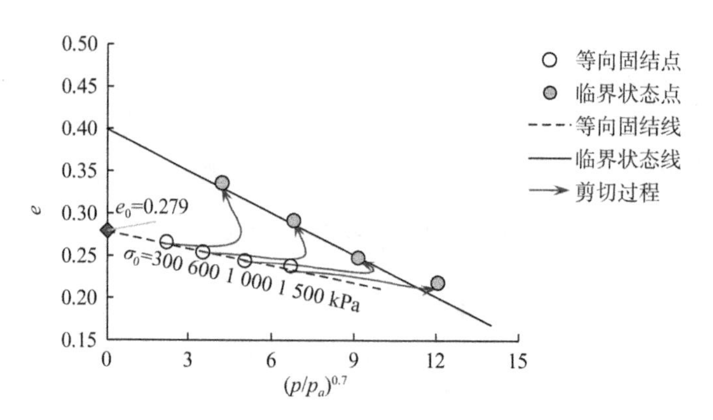

图 7.6 等向固结点与临界状态点

等向固结线表示的是试样在等向压力作用下排水固结完成时的孔隙比与应力的关系，对于本书中的三轴固结排水剪切试验而言，等向压力即为围压，固结孔隙比表示的是固结完成之后、剪切开始之前的孔隙比。

首先，各级配土料在不同初始孔隙比、不同固结围压下的等向固结点绘制于 $e-(p/p_a)^\xi$ 坐标系中，如图 7.7 所示。

由图 7.7 可见，粗粒土的等向固结线在 $e-(p/p_a)^\xi$ 坐标系中可用如下直线来描述：

$$e_i = e_0 - \lambda_i \left(\frac{p}{p_a}\right)^\xi \tag{7.1}$$

式中，e_0 既表示初始孔隙比，也表示等向固结线的截距（当应力为 0 时，表示试样尚未开始固结，则此时的孔隙比为初始孔隙比 e_0）；λ_i 表示等向固结线的斜率；ξ 为 0.7。

由如图 7.7 可见，当试样级配 I_G 相同时，不同初始孔隙比 e_0 下的等向固结线相互平行，即斜率 λ_i 与初始孔隙比 e_0 无关。当 I_G 改变时，斜率 λ_i 改变，且与 I_G 成负相关，如图 7.8 所示，该规律可用下式描述：

$$\lambda_i = \lambda_{i0} - \alpha_{\lambda i} I_G \tag{7.2}$$

式中，λ_{i0} 为 0.006 87 和 $\alpha_{\lambda i}$ 为 0.009 29，均为材料参数。

综上可得，不同级配 I_G、不同初始孔隙比 e_0 条件下粗粒土的等向固结线统一表达式为：

$$e_i = e_0 - (\lambda_{i0} - \alpha_{\lambda i} I_G)\left(\frac{p}{p_a}\right)^\xi \tag{7.3}$$

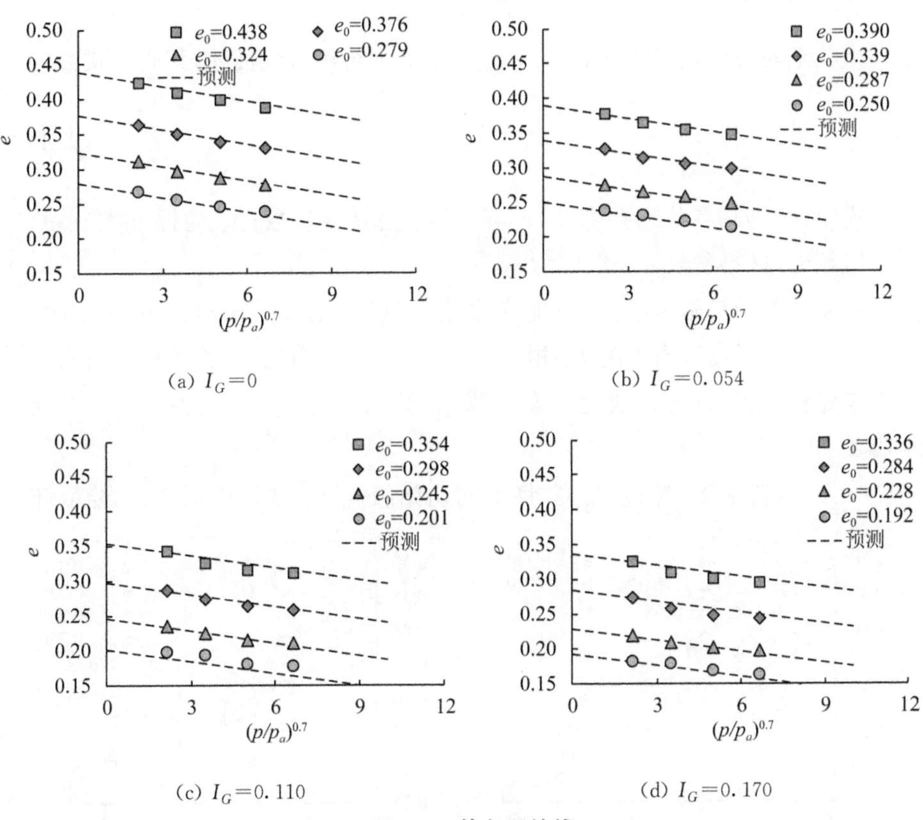

(a) $I_G=0$　　(b) $I_G=0.054$

(c) $I_G=0.110$　　(d) $I_G=0.170$

图7.7　等向固结线

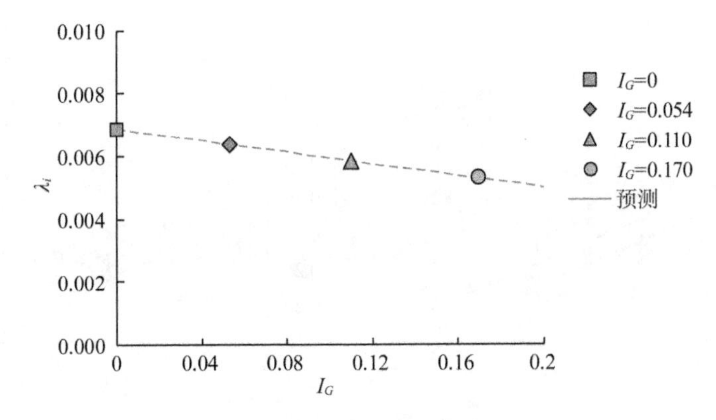

图7.8　等向固结线斜率与级配参数 I_G 的关系

7.4 考虑级配影响的临界状态线统一方程

粗粒土的临界状态线在 $e-(p/p_a)^\xi$ 平面内可用直线描述，其表达式为：

$$e_c=e_\Gamma-\lambda_c\left(\frac{p}{p_a}\right)^\xi \tag{7.4}$$

式中，e_c 为临界状态孔隙比；e_Γ、λ_c 和 ξ 为材料参数；p_a 为标准大气压。对于粗粒土，材料参数 ξ 一般取为 0.7。

将 4 个不同初始级配土料的临界状态时试验值绘制在 $e-(p/p_a)^\xi$ 平面，如图 7.9 所示，可见，当级配 I_G 相同时，不同初始孔隙比 e_0 的试样各自对应一条临界状态线，且各条线之间基本平行，即斜率 λ_c 与 e_0 无关，截距 e_Γ 与 e_0 相关。

一方面，斜率 λ_c 与 e_0 无关，将不同初始级配 I_G 试样的斜率 λ_c 绘制于

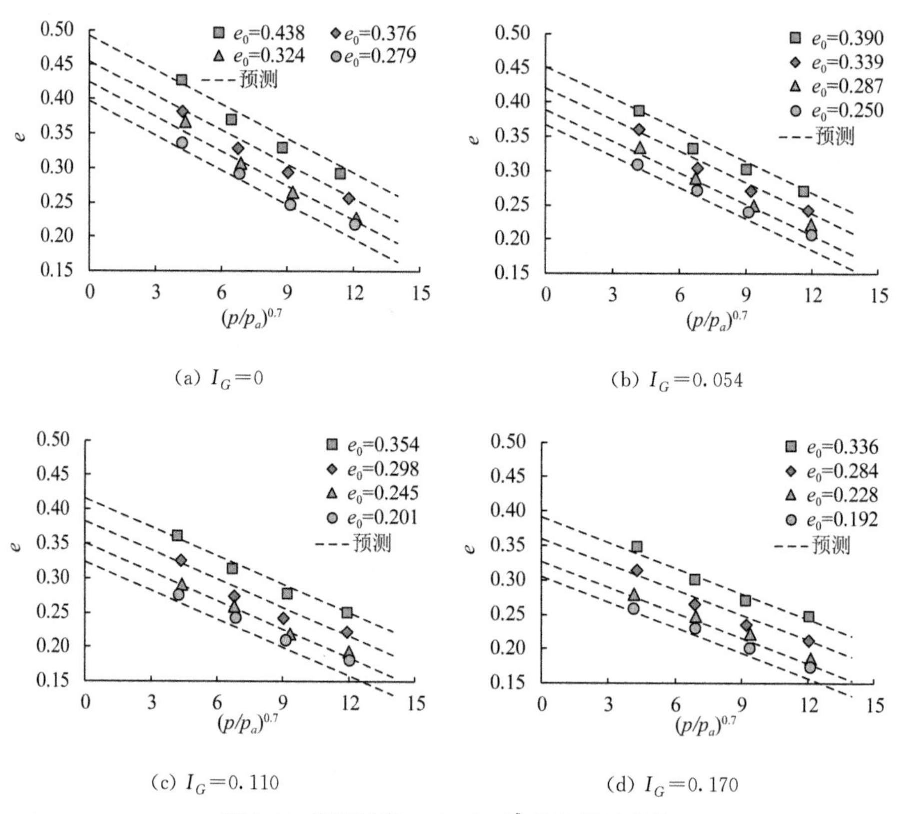

图 7.9 堆石料在 $e-(p/p_a)^\xi$ 的临界状态线

$\lambda_c - I_G$ 平面，如图 7.10 所示，随着级配参数 I_G 的增大，即粗颗粒含量降低、细颗粒含量增加，临界状态线的斜率 λ_c 降低，可表示为：

$$\lambda_c = \lambda_{c0} - \alpha_{\lambda c} I_G \tag{7.5}$$

式中，λ_{c0}、$\alpha_{\lambda c}$ 为材料参数，对于此处堆石料，λ_{c0} 为 0.016 6，$\alpha_{\lambda c}$ 为 0.025。

另一方面，截距 e_Γ 与 I_G 和 e_0 都相关。将不同初始级配 I_G、不同初始孔隙比 e_0 试样的截距 e_Γ 绘制于 $\lambda_c - e_0$ 平面，如图 7.11 所示。

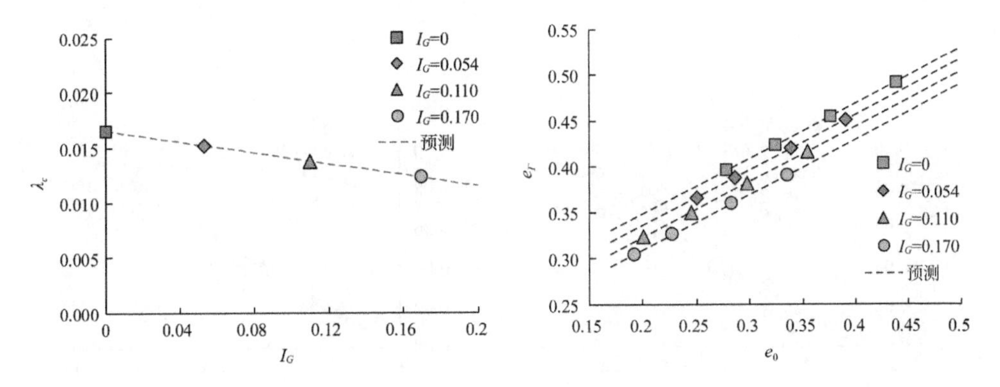

图 7.10　参数 λ_c 与 I_G 的关系　　**图 7.11　参数 e_Γ 与 I_G 和 e_0 的关系**

$$e_\Gamma = e_{\Gamma 0} - \alpha_\Gamma I_G + \chi_\Gamma e_0 \tag{7.6}$$

式中，$e_{\Gamma 0}$、α_Γ 和 χ_Γ 为材料参数，对于此处堆石料，$e_{\Gamma 0}$ 为 0.228，α_Γ 为 0.232，χ_Γ 为 0.602。

将式(7.5)和式(7.6)代入式(7.4)可得，考虑级配和密度影响时，在任意初始级配 I_G、任意初始孔隙比 e_0 下的临界状态线可统一表示为：

$$e_c = (e_{\Gamma 0} - \alpha_\Gamma I_G + \chi_\Gamma e_0) - (\lambda_{c0} - \alpha_{\lambda c} I_G)\left(\frac{p}{p_a}\right)^{\xi} \tag{7.7}$$

7.5　颗粒破碎

颗粒破碎指标选用 Hardin(1985)定义的 B_r，其计算方法与图 7.2 中定义的 I_G 相同，以各试样剪切前的初始级配曲线作为参考级配，剪切之后的临界状态的级配曲线作为当前级配，计算得到各试样的 B_r 值，绘制于 $B_r-(p/p_a)^{\xi}$ 的平面，如图 7.12 所示。

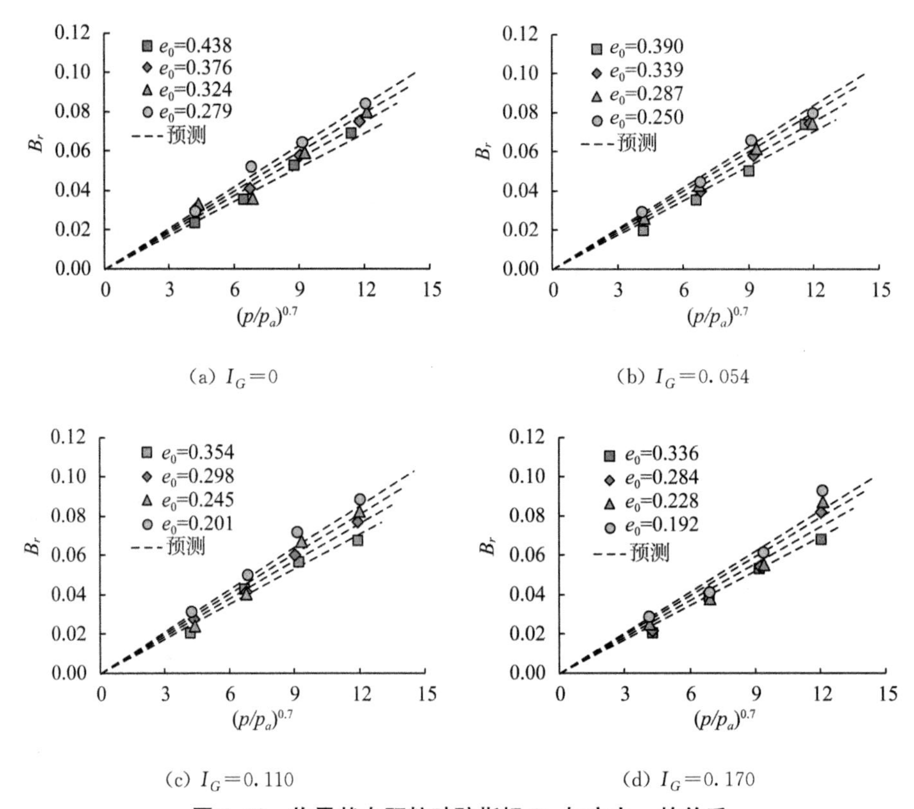

图 7.12 临界状态颗粒破碎指标 B_r 与应力 p 的关系

对于相同级配、相同初始孔隙比、不同围压下的试样，B_r 与 $(p/p_a)^{\xi}$ 的关系可用直线描述：

$$B_r = b\left(\frac{p}{p_a}\right)^{\xi} \tag{7.8}$$

式中，b 为材料参数，ξ 为 0.7。

我们进一步地发现参数 b 与级配 I_G、初始孔隙比 e_0 的关系可用线性关系描述，如图 7.13 所示。

当级配 I_G 相同时，b 与初始孔隙比 e_0 成负相关，其原因在于 e_0 越小试样越密实，在相同围压下剪切至临界状态时产生的颗粒破碎越大；当 e_0 相同时，参数 b 与 I_G 成负相关，其原因在于 I_G 越大，表示土体中的细颗粒越多、粗颗粒越小，则产生的颗粒破碎越少。因此，参数 b 与 I_G、e_0 的关系可表示为：

$$b = b_0 - \alpha_b I_G - \chi_b e_0 \tag{7.9}$$

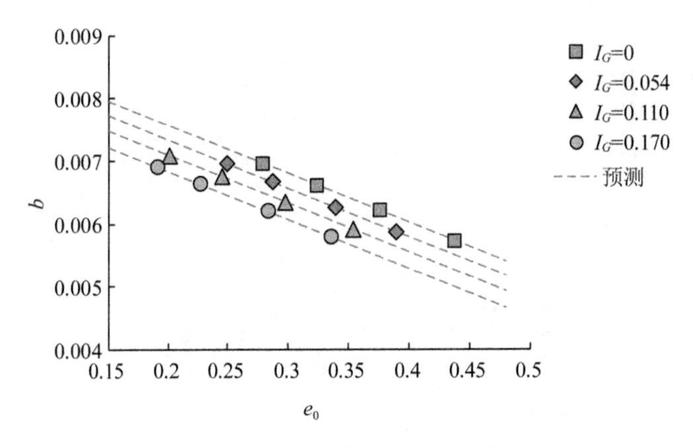

图 7.13　参数 b 与 I_G 和 e_0 的关系

式中，b_0 为 0.009 11，α_b 为 0.004 29，χ_b 为 0.007 71。

综上可得，不同 I_G、e_0 条件下粗粒土的临界状态颗粒破碎统一表达式为：

$$B_r = (b_0 - \alpha_b I_G - \chi_b e_0)\left(\frac{p}{p_a}\right)^{\xi} \tag{7.10}$$

7.6　临界状态应力比

人们确定临界状态应力比 M_c 时，通常在 $q-p$ 平面描绘临界状态剪应力 q_c 和临界状态正应力 p_c 的试验值，然后用过原点的直线进行拟合，得到的斜率即是 M_c。图 7.14 至图 7.17 中给出了本书不同围压、不同初始孔隙比 e_0、相同级配 I_G 的各 16 个试样在临界状态时的 q_c-p_c 试验值散点图，并利用直线 $q_c=M_c p_c$ 进行了拟合，如图 7.14～图 7.17 中的图(a)所示，得到临界状态应力比 M_c=1.71，1.73，1.75 和 1.76，拟合相关系数 R^2 都大于 0.98，接近于 1。

我们此前曾指出 $q_c=M_c p_c$ 的拟合相关系数 R^2 接近于 1 不能作为评判 M_c 为定值的唯一标准。事实上，对于图 7.14～图 7.17 中的拟合斜率 M_c，R^2 接近于 1 具有较大的欺骗性。图 7.14～图 7.17 中的图(b)分别给出了相同级配各 16 个试样在临界状态时的应力比 M_c，采用 $M_c=q_c/p_c$ 进行计算。以图 7.15 为例，e_0 为 0.250、σ_3 为 300 kPa 时，M_c 最大，为 1.88，明显高于图 7.15(a)拟合得到的定值 M_c 为 1.73；e_0 为 0.390、σ_3 为 1 500 kPa 时，M_c 最大，为 1.65，明显低于定值 M_c 为 1.73。

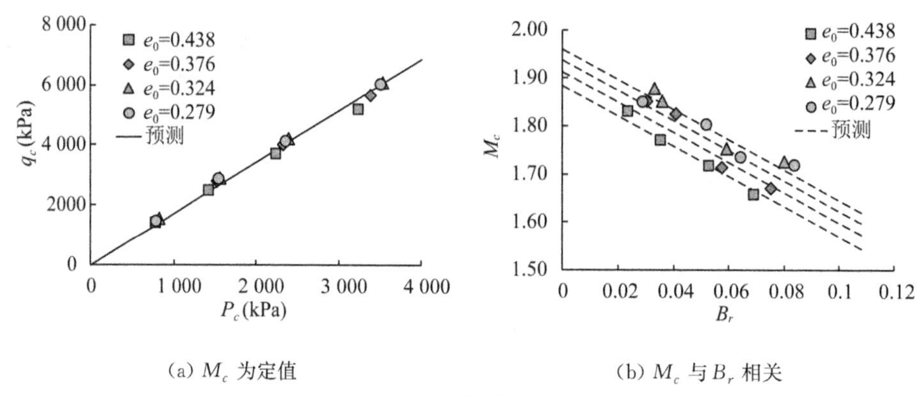

(a) M_c 为定值　　(b) M_c 与 B_r 相关

图 7.14　I_G=0 时的临界状态应力比

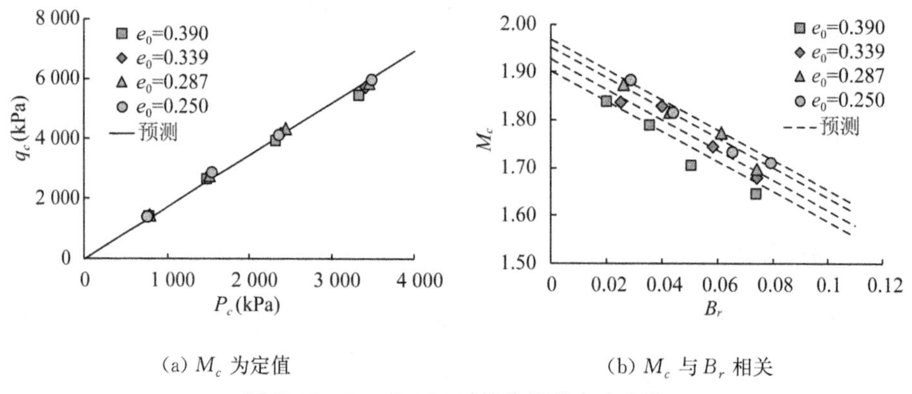

(a) M_c 为定值　　(b) M_c 与 B_r 相关

图 7.15　I_G=0.054 时的临界状态应力比

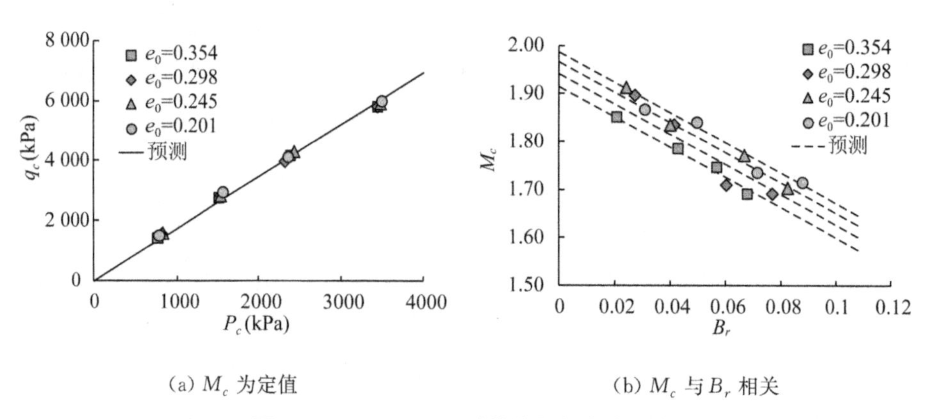

(a) M_c 为定值　　(b) M_c 与 B_r 相关

图 7.16　I_G=0.110 时的临界状态应力比

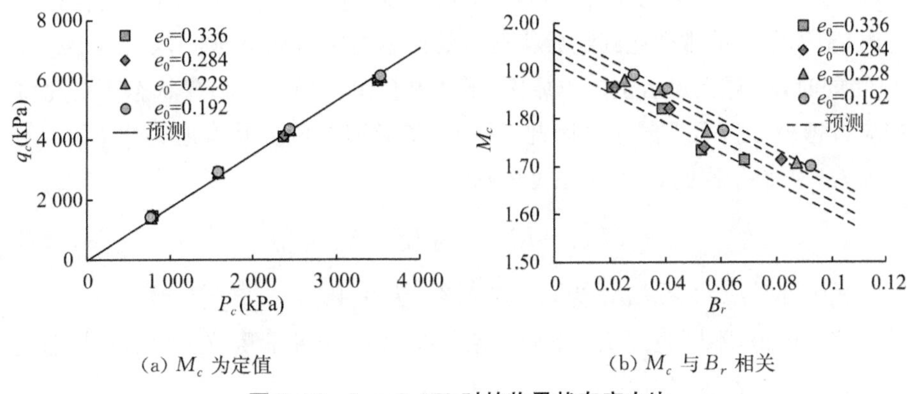

(a) M_c 为定值

(b) M_c 与 B_r 相关

图 7.17 I_G=0.170 时的临界状态应力比

由此可见，粗粒土的临界状态应力比 M_c 并非定值，而是受到初始级配 I_G、初始孔隙比 e_0 和围压 σ_3 的共同影响，我们将其统一解释为受到颗粒破碎 B_r 的影响：

$$M_c = M_{NBc} - mB_r \tag{7.11}$$

式中，M_{NBc} 和 m 为参数。其中，根据图 7.14 至图 7.17，参数 m 为固定值 3.14，参数 M_{NBc} 则与初始级配 I_G、初始孔隙比 e_0 相关。

实际上，参数 M_{NBc} 的物理意义表示的是 $B_r=0$ 时的临界状态应力比，即不发生颗粒破碎时粗粒土的理论应力比。参数 M_{NBc} 与级配指数 I_G 和初始孔隙比 e_0 都成负相关，如图 7.18 所示。

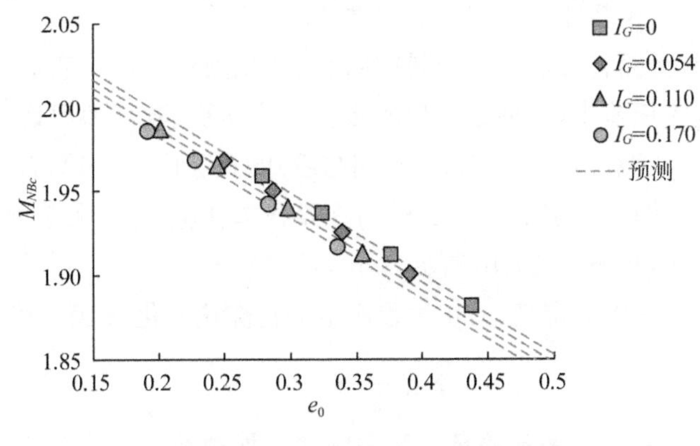

图 7.18 M_{NBc} 与 I_G 和 e_0 的关系

当 e_0 相同时，颗粒不破碎时的临界状态应力比 M_{NBc} 与 I_G 成负相关，其

原因在于 I_G 越大，表示土体中的细颗粒越多、粗颗粒越少，当不发生颗粒破碎时，土体颗粒重排列达到临界状态需要克服的应力越小，则 M_{NBc} 越小。当 I_G 相同时，e_0 越大表示土体越疏松，土体颗粒重排列达到临界状态需要克服的应力越小，则 M_{NBc} 越小。因此，颗粒不破碎时的临界状态应力比 M_{NBc} 与级配 I_G、初始孔隙比 e_0 的关系可表示为：

$$M_{NBc}=M_{c0}-\alpha_M I_G-\chi_M e_0 \tag{7.12}$$

式中，M_{c0} 为 2.09，α_M 为 0.087 2，χ_M 为 0.481。

综上可得，不同级配 I_G、不同初始孔隙比 e_0 条件下粗粒土的临界状态应力比 M_c 统一表达式为：

$$M_c=M_{c0}-\alpha_M I_G-\chi_M e_0-mB_r \tag{7.13}$$

7.7 颗粒不破碎时的理论临界状态线

7.7.1 颗粒重排列与颗粒破碎变形的基本假设

粗粒土在剪切过程中产生的变形由两部分组成，一是颗粒重排列产生的剪胀变形，二是颗粒破碎产生的剪缩变形，在三轴固结排水剪切试验中观测到的变形实际上是这两部分的总和。长期以来，人们虽然深刻认识到颗粒破碎对于粗粒土变形的显著影响，但由于颗粒重排列与颗粒破碎在剪切过程中是伴随发生的，因此，室内试验无法分别计量两者的变形量，进而也无法定量评估颗粒破碎对于粗粒土宏观变形的贡献。

对于粗粒土而言，试样在达到临界状态时观测到的体积变形主要有两种状态：一种是体积缩小，一种是体积膨胀。所谓体积缩小，即剪切结束之后试样的临界状态孔隙比 e_c 小于剪切前（固结后）的孔隙比 e_i，如图 7.19(a)所示；所谓体积膨胀，即剪切结束之后试样的临界状态孔隙比 e_c 大于剪切前（固结后）的孔隙比 e_i，如图 7.19(b)所示。

根据图 7.19 中的定义，剪切过程产生的孔隙比变化值 Δe_{ci} 可表示为：

$$\Delta e_{ci}=e_c-e_i \tag{7.14}$$

式(7.14)中，Δe_{ci} 表示的是从等向固结点加载剪切到临界状态点所产生的体变，包含了颗粒重排列导致的体积膨胀和颗粒破碎导致的体积缩小，因此，我们进一步提出两点假设。假设一，如果没有发生颗粒破碎，粗粒土达到

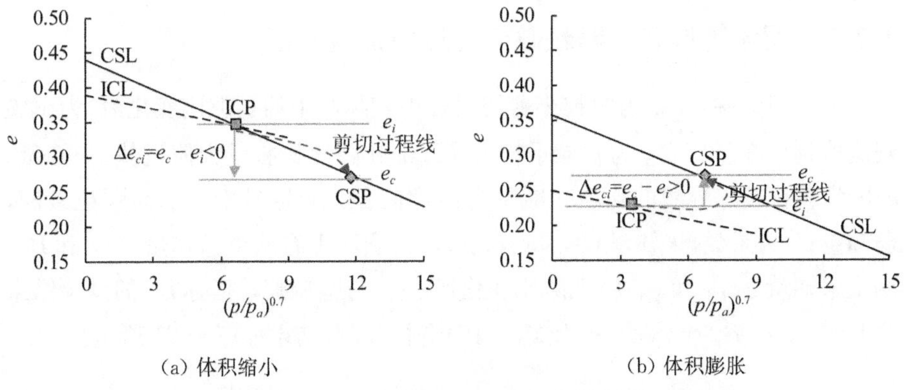

(a) 体积缩小　　(b) 体积膨胀

图 7.19　临界状态时粗粒土体积膨胀与体积缩小示意图

状态点时(NBCSP)的体变量相对于等向固结点(ICP)都是来自颗粒重排列导致的体积膨胀，孔隙比增量设为 $\Delta e_{\Gamma B}$，如图 7.20 所示。假设二：粗粒土达到临界状态时，由颗粒破碎导致的体积剪缩量与颗粒破碎量成正比，比例系数设为 k，则颗粒破碎导致的孔隙比减量为 kB_r，如图 7.20 所示。根据上述假设，剪切过程产生的孔隙比变化值 Δe_{ci} 又可表示为：

$$\Delta e_{ci}=\Delta e_{\Gamma B}-kB_r \tag{7.15}$$

式中，$\Delta e_{\Gamma B}$ 和 k 为材料参数待确定。

值得注意的是，不管粗粒土在临界状态时表现出的宏观体变是剪缩[图 7.20(a)]还是剪胀[图 7.20(b)]，式(7.15)都是成立的，其表达的物理意义都为：粗粒土在剪切至临界状态时产生的宏观体变(Δe_{ci})等于颗粒重排列产生的膨胀变形($\Delta e_{\Gamma B}$)减去颗粒破碎产生的剪缩变形(kB_r)。

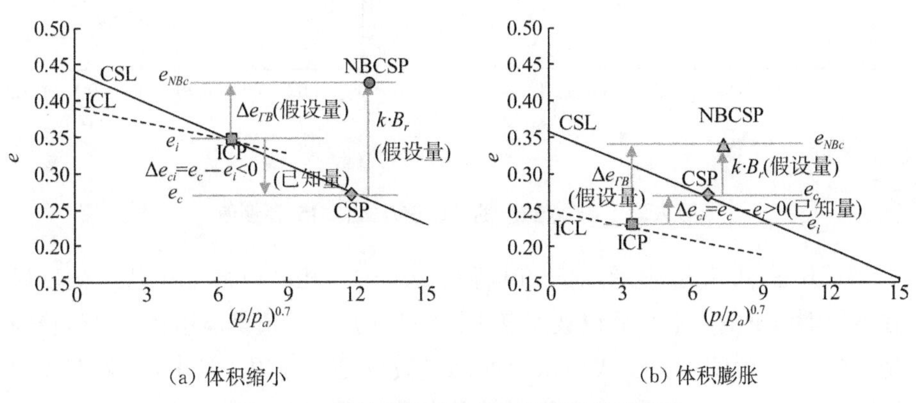

(a) 体积缩小　　(b) 体积膨胀

图 7.20　颗粒破碎导致的体积变化量示意图

7.7.2 颗粒重排列与颗粒破碎变形的试验验证

式(7.15)中，Δe_{ci} 为粗粒土剪切过程中实际产生的孔隙比变化值，为试验观测值是已知量；$\Delta e_{\Gamma B}$ 为颗粒重排列导致的孔隙比膨胀量为假设值、未知量；kB_r 为颗粒破碎导致的孔隙比减量为假设值、未知量(其中，B_r 为颗粒破碎，已知量；k 为系数，未知量)。因此，式(7.15)实际上有两个已知量 Δe_{ci} 和 B_r，两个未知量 $\Delta e_{\Gamma B}$ 和 k。将孔隙比变化值 Δe_{ci} 与颗粒破碎指标 B_r 的试验结果绘制于 $\Delta e_{ci}-B_r$ 坐标系，并用式(7.15)进行预测，结果如图 7.21 所示。

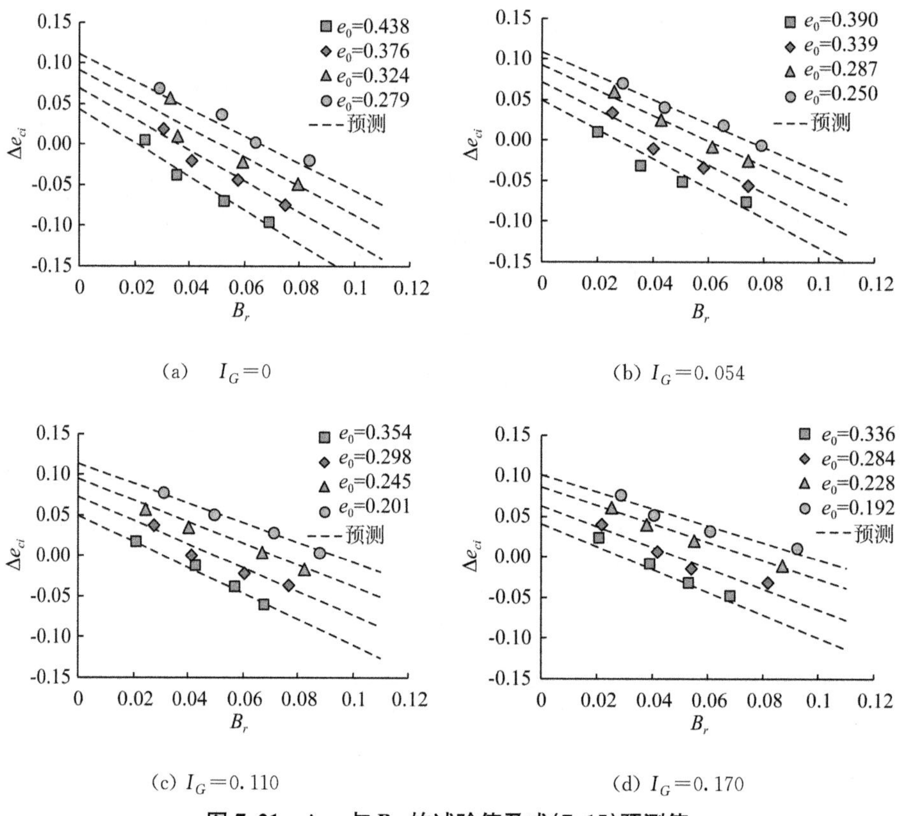

(a) $I_G=0$　　(b) $I_G=0.054$

(c) $I_G=0.110$　　(d) $I_G=0.170$

图 7.21 Δe_{ci} 与 B_r 的试验值及式(7.15)预测值

一方面，图 7.21 显示，对于相同初始级配 I_G、相同初始孔隙比 e_0 的试样在不同围压下的变形与颗粒破碎值，图 7.21 中的试验值都能用式(7.15)较好地预测，初步说明了关于式(7.15)的两点假设是合理的。其中，预测直线的截距即为式(7.15)中的 $\Delta e_{\Gamma B}$，预测直线的斜率即为式(7.15)中的参数 k，且

参数 $\Delta e_{\Gamma B}$ 和 k 与围压 σ_3 不相关。参数 k 与围压 σ_3 不相关，这说明对于同一个试样，在不同围压下加载剪切至临界状态，颗粒破碎导致的孔隙比减量与颗粒破碎量 B_r 成正比，且比例系数 k 不变，这一规律符合常识，无须证明。参数 $\Delta e_{\Gamma B}$ 与围压 σ_3 不相关，这说明对于同一试样，在不同围压下加载剪切至临界状态，由颗粒重排列导致的孔隙比增量是定值 $\Delta e_{\Gamma B}$，这一规律似乎与常识相悖，需要进一步证明。

对于参数 $\Delta e_{\Gamma B}$ 与围压 σ_3 不相关这一规律，室内试验无法直接证明，因为在室内试验中颗粒重排列与颗粒破碎同时发生，无法单独观测到颗粒重排列导致的试样变形。实际上，粗粒土的离散元模拟可以用来证明这一规律。Hanley 利用离散元将粗粒土在围压 1～16 MPa 条件下分别加载剪切至临界状态，剪切过程中设定颗粒不发生破碎，发现临界状态时的孔隙比相对于固结时的孔隙比，其增量几乎不变，基本约为 0.1，如图 7.22 所示，这一结果有力支持了参数 $\Delta e_{\Gamma B}$ 与围压 σ_3 不相关这一规律。

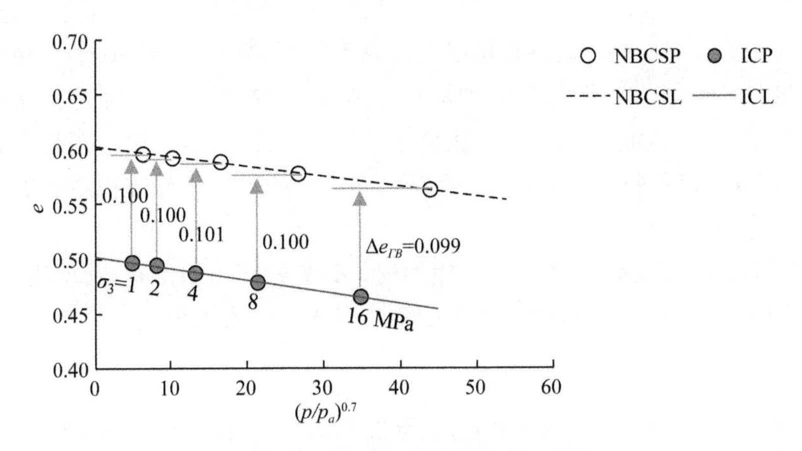

图 7.22　颗粒不破碎时的孔隙比增量

另一方面，对于不同初始级配 I_G、不同初始孔隙比 e_0 的试验，预测直线的斜率与截距各不相同，说明参数 $\Delta e_{\Gamma B}$ 和 k 与级配 I_G 和孔隙比 e_0 相关。进一步地将 $\Delta e_{\Gamma B}$ 与级配 I_G 和孔隙比 e_0 的关系绘制于 $\Delta e_{\Gamma B}-e_0$ 坐标系，如图 7.23(a)；将 k 与级配 I_G 和孔隙比 e_0 的关系绘制于 $k-e_0$ 坐标系，如图 7.23(b)。

图 7.23(a)显示，当级配 I_G 相同时，参数 $\Delta e_{\Gamma B}$ 与孔隙比 e_0 成负相关；当 e_0 相同时，参数 $\Delta e_{\Gamma B}$ 与 I_G 也成负相关，其关系可表示为：

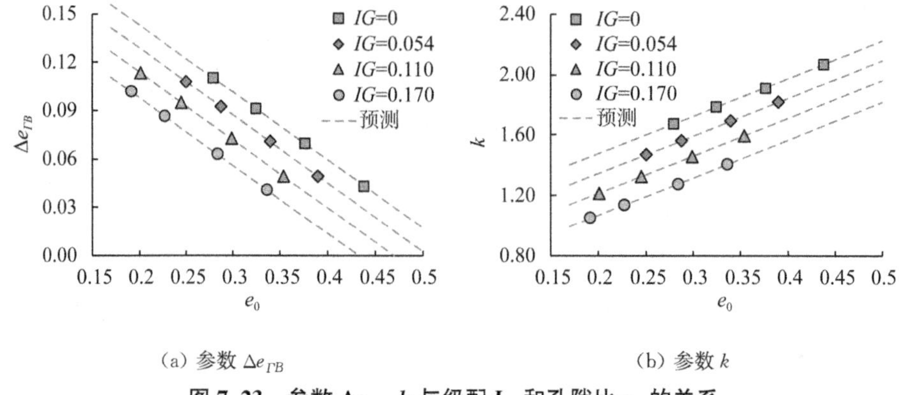

(a) 参数 $\Delta e_{\Gamma B}$　　(b) 参数 k

图 7.23　参数 $\Delta e_{\Gamma B}$、k 与级配 I_G 和孔隙比 e_0 的关系

$$\Delta e_{\Gamma B}=\Delta e_{\Gamma B0}-\alpha_{\Gamma B}I_G-\chi_{\Gamma B}e_0 \tag{7.16}$$

式中，$\Delta e_{\Gamma B0}$ 为 0.227，$\alpha_{\Gamma B}$ 为 0.266 和 $\chi_{\Gamma B}$ 为 0.420，均为材料参数，无量纲。

对于式(7.16)揭示的规律可以进行如下解释：级配 I_G 越大，表示粗粒土中的细颗粒越多及粗颗粒越少，细颗粒越多意味着颗粒翻滚重排列产生的体积膨胀量越低，因此 $\Delta e_{\Gamma B}$ 与 I_G 成负相关。孔隙比 e_0 越大表示粗粒土越疏松，粒间孔隙已经较大，则加载之后颗粒重排列产生进一步体积膨胀的潜力降低，因此 $\Delta e_{\Gamma B}$ 与 e_0 成负相关。

图 7.23(b)显示，当级配 I_G 相同时，参数 k 与孔隙比 e_0 成正相关；当 e_0 相同时，参数 $\Delta e_{\Gamma B}$ 与级配 I_G 成负相关，其关系可表示为：

$$k=k_0-\alpha_k I_G+\chi_k e_0 \tag{7.17}$$

式中，k_0 为 2.97，α_k 为 0.94，χ_k 为 2.48，均为材料参数，无量纲。

对于式(7.17)揭示的规律，可以进行如下解释：参数 k 表示的物理意义是在相同的颗粒破碎量 B_r 下，颗粒破碎导致孔隙比缩小的潜力。级配 I_G 越大，表示粗粒土中的细颗粒越多及粗颗粒越少，细颗粒越多意味着粗粒土的颗粒分布趋于均匀，因此颗粒破碎导致孔隙比缩小的潜力降低，即 k 与 I_G 越大成负相关。孔隙比 e_0 越大，表示粗粒土越疏松，发生相同颗粒破碎量时能够导致的孔隙比缩小值更大，因此 k 与 e_0 成正相关。

7.7.3　颗粒不破碎时的临界状态线推导

颗粒不破碎时的临界状态线(NBCSL)的推导方法采用坐标变换形式，具体操作步骤如下：

(1) 以等向固结线上的某个点(ICP)为研究对象，该点的正应力 p 为 σ_3，孔隙比为 e_i，如图7.24所示。

(2) 试样在围压 σ_3 下固结完成之后，假设将其在颗粒不破碎条件下加载剪切至临界状态，得到一个颗粒不破碎时的临界状态点(NBCSP)，根据上述讨论，当颗粒不发生破碎时的临界状态应力比为 M_{NBc}，因此，该NBCSP的应力可表示为：$p_{NBc}=\dfrac{3}{3-M_{NBc}}\sigma_3$［三轴应力状态下的应力关系 $p=(\sigma_1+2\sigma_3)/3$，$q=\sigma_1-\sigma_3$，$q=M_cp$，可推导出 $p=\dfrac{3}{3-M_c}\sigma_3$］，如图7.24所示。

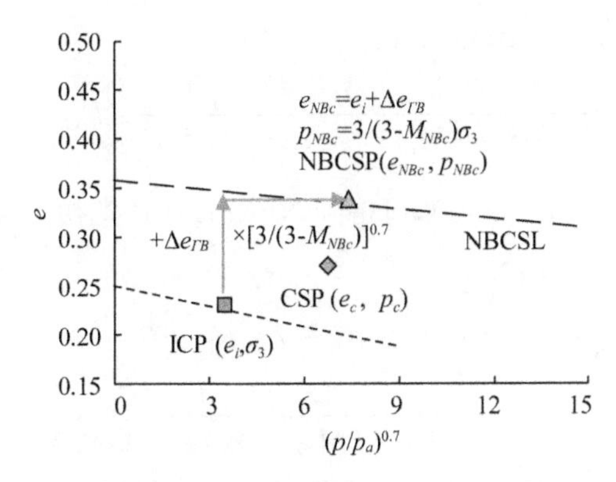

图7.24 颗粒不破碎时的临界状态线(NBCSL)推导示意图

(3) 当颗粒不发生破碎时，达到临界状态时只发生颗粒重排列的膨胀变形，上文已证明，在任意围压 σ_3 下，颗粒重排列产生的孔隙比膨胀量 $\Delta e_{\Gamma B}$ 是相同的。换言之，NBCSP的孔隙比相对于ICP的孔隙比增量相同，都为 $\Delta e_{\Gamma B}$，则NBCSP的孔隙比可表示为：$e_{NBc}=e_i+\Delta e_{\Gamma B}$，如图7.24所示。

(4) 综上可得，NBCSP在 $e-(p/p_a)^\xi$ 坐标系下的横坐标相对于ICP的横坐标扩大了一个定值 $[3/(3-M_{NBc})]^\xi$，NBCSP的纵坐标相对于ICP的纵坐标都增加了一个定值 $\Delta e_{\Gamma B}$。随着围压 σ_3 的增大，ICP在 $e-(p/p_a)^\xi$ 坐标系下的运动轨迹为直线(ICL)，根据坐标变换规律，NBCSP在 $e-(p/p_a)^\xi$ 坐标系下的运动轨迹也为直线，即颗粒不发生破碎时的临界状态线(NBCSL)，其的截距为ICL的截距 e_0 加上 $\Delta e_{\Gamma B}$，NBCSL的斜率为ICL的斜率 λ_i 除以 $[3/(3-M_{NBc})]^\xi$。因此，NBCSL的方程可推导为：

$$e_{NBc}=e_{\Gamma NB}-\lambda_{NBc}\left(\frac{p}{p_a}\right)^{\xi} \tag{7.18}$$

式中，$e_{\Gamma NB}$ 和 λ_{NBc} 为材料参数，其物理意义分别为 NBCSL 的截距和斜率，可直接表示为：

$$\begin{cases} e_{\Gamma NB}=e_0+\Delta e_{\Gamma B} \\ \lambda_{NBc}=\dfrac{1}{[3/(3-M_{NBc})]^{\xi}}\lambda_i \end{cases} \tag{7.19}$$

考虑初始级配 I_G 和初始孔隙比 e_0 的影响，则 $e_{\Gamma NB}$ 和 λ_{NBc} 可进一步扩展为：

$$\begin{cases} e_{\Gamma NB}=e_0+\Delta e_{\Gamma B0}-\alpha_{\Gamma B}I_G-\chi_{\Gamma B}e_0 \\ \lambda_{NBc}=\dfrac{1}{[3/(3-(M_{c0}-\alpha_M I_G-\chi_M e_0))]^{\xi}}(\lambda_{i0}-\alpha_i I_G) \end{cases} \tag{7.20}$$

将式(7.20)代入式(7.18)，可得到 NBCSL 在任意初始级配 I_G 和任意初始孔隙比 e_0 下的表达式为：

$$e_{NBc}=(e_0+\Delta e_{\Gamma B0}-\alpha_{\Gamma B}I_G-\chi_{\Gamma B}e_0)-\frac{\lambda_{i0}-\alpha_i I_G}{[3/(3-(M_{c0}-\alpha_M I_G-\chi_M e_0))]^{\xi}}\left(\frac{p}{p_a}\right)^{\xi} \tag{7.21}$$

7.7.4　颗粒破碎与颗粒不破碎临界状态线统一模型

已有众多研究表明，粗粒土在发生颗粒破碎时的临界状态线(CSL)即为室内试验中观测到的临界状态线，在 e-$(p/p_a)^{\xi}$ 坐标系下为直线，其方程可表示为：

$$e_c=e_{\Gamma}-\lambda_c\left(\frac{p}{p_a}\right)^{\xi} \tag{7.22}$$

式中，e_{Γ} 和 λ_c 已为材料参数，分别表示 CSL 的截距和斜率。

e_{Γ} 和 λ_c 在常规研究中是通过对试验直接获得的临界状态点进行拟合确定，此处不再赘述。事实上，根据上文推导的颗粒不破碎时的临界状态线(NBCSL)可以进一步推导出颗粒破碎时的临界状态线(CSL)。

首先，颗粒破碎临界状态点(CSP)的孔隙比可以视为在颗粒不破碎临界状态点(NBCSP)的基础上，减去颗粒破碎导致的孔隙比 kB_r。如图 7.25，以

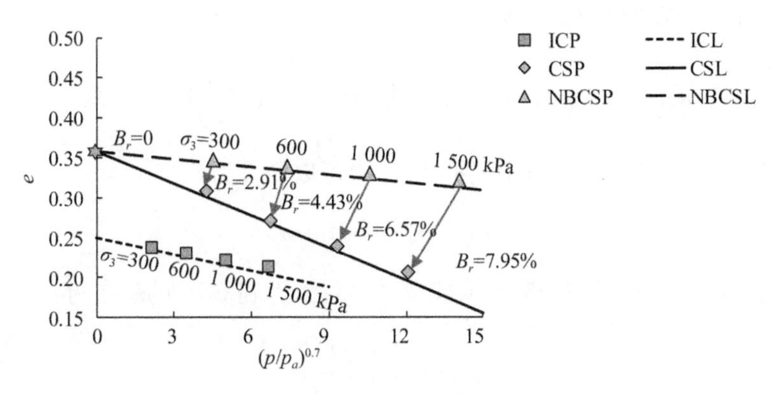

图 7.25 CSL 截距示意图

I_G 为 0.054、e_0 为 0.250 的试样为例，在围压为 300 kPa、600 kPa、1 000 kPa 和 1 500 kPa 时，试验直接测量得到的颗粒破碎量分别为 $B_r=2.91\%$、4.43%、6.57%和 7.95%；在极限条件下，p 为 0 时，颗粒破碎量 B_r 为 0，则 CSP 和 NBCSP 这两个点重合，因此，可以推导出 CSL 的截距与 NBCSL 的截距相同，即 e_Γ 为 $e_{\Gamma NB}$。

其次，以单个 CSP 和 NBCSP 作为考察对象，如图 7.26 所示，CSL 在 $e-(p/p_a)^\xi$ 坐标系下经过$(0,e_\Gamma)$和 CSP 点(p_c,e_c)，如图 7.26 所示，则 CSL 的斜率可以表示为：

$$\lambda_c=\frac{e_\Gamma-e_c}{(p_c/p_a)^\xi}=\frac{e_{\Gamma NB}-e_c}{(p_c/p_a)^\xi} \tag{7.23}$$

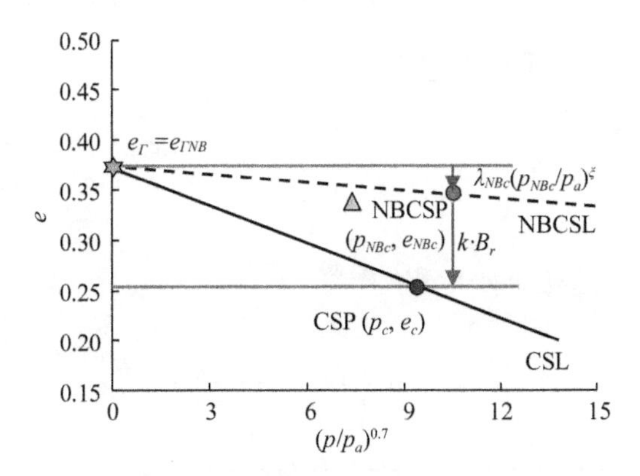

图 7.26 颗粒破碎与不破碎时临界状态线的关系

其中,式(7.23)的分子项可以表示为:

$$e_{\Gamma NB}-e_c=(e_{\Gamma NB}-e_{NBc})+kB_r=\lambda_{NBc}\left(\frac{p_{NBc}}{p_a}\right)^{\xi}+kB_r \tag{7.24}$$

其中,式(7.23)的分母项根据式(7.8)可以换算为:

$$(p_c/p_a)^{\xi}=B_r/b \tag{7.25}$$

将式(7.24)和式(7.25)代入式(7.23)可以得到CSL的斜率为:

$$\lambda_c=kb+\lambda_{NBc}\left(\frac{p_{NBc}}{p_c}\right)^{\xi} \tag{7.26}$$

式中,$p_{NBc}=[3/(3-M_{NBc})]\sigma_3$,$p_c=[3/(3-M_c)]\sigma_3$,$M_c=M_{NBc}-mB_r$,因此,$\left(\frac{p_{NBc}}{p_c}\right)$可以简化为:

$$\left(\frac{p_{NBc}}{p_c}\right)^{\xi}=\left(1+\frac{mB_r}{3-M_{NBc}}\right)^{\xi}\approx 1 \tag{7.27}$$

值得注意的是,一方面,$\left(\frac{p_{NBc}}{p_c}\right)^{\xi}$的值略大于1,且随着$B_r$的增加缓慢增加,以$I_G=0.054$的16个试样为例,如图7.27所示,可见,$\left(\frac{p_{NBc}}{p_c}\right)^{\xi}$的值基本约等于1。另一方面,式(7.27)中$\lambda_{NBc}$的值较小,显著小于$kb$值,因此$\lambda_{NBc}\left(\frac{p_{NBc}}{p_c}\right)^{\xi}$对于$\lambda_c$的贡献显著小于$kb$,将$\left(\frac{p_{NBc}}{p_c}\right)^{\xi}$的值简化为1,对于式(7.27)中$\lambda_c$的影响几乎可以忽略。

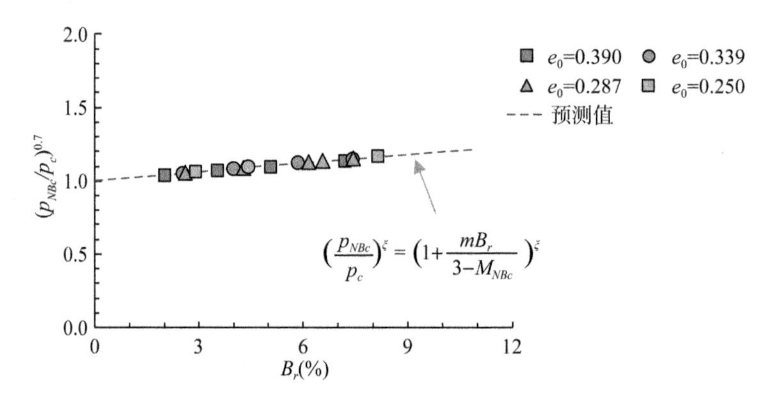

图7.27 颗粒破碎与不破碎时临界状态线的关系

综上所述，CSL 的截距和斜率又可表示为：

$$\begin{cases} e_\Gamma = e_{\Gamma NB} \\ \lambda_c = kb + \lambda_{NBc} \end{cases} \tag{7.28}$$

式(7.28)中 k 的物理意义是单位颗粒破碎量导致的孔隙比减小值，b 的物理意义是单位应力导致的颗粒破碎量，因此，k 和 b 这两个参数实际上都是和颗粒破碎直接相关的；参数 $e_{\Gamma NB}$ 和 λ_{NBc} 是理论推导的颗粒不破碎时的临界状态线截距和斜率。可见，式(7.28)可视为从颗粒破碎的角度解释了 CSL 的截距和斜率。

将式(7.28)代入式(7.22)，CSL 的方程可以直接表示为：

$$e_c = e_{\Gamma NB} - (kb + \lambda_{NBc})\left(\frac{p}{p_a}\right)^\xi \tag{7.29}$$

特别地，如果不发生颗粒破碎，根据物理定义可得参数 b 为 0，式(7.29)将退化为 NBCSL 的方程。因此，式(7.29)实际上是考虑(CSL)和不考虑(NBCSL)颗粒破碎时临界状态线的统一模型。

综上所述，粗粒土在颗粒破碎时的临界状态线(CSL)和颗粒不破碎时的临界状态线(NBCSL)是统一的，其截距和斜率之间的定量关系如表 7.3 所示，涉及的各个基本参数汇总如表 7.4。

表 7.3　CSL 和 NBCSL 的定量关系

	方程	截距	斜率
ICL	$e_i = e_0 - \lambda_i\left(\frac{p}{p_a}\right)^\xi$	e_0	λ_i
CBCSL	$e_{NBc} = e_{\Gamma NB} - \lambda_{NBc}\left(\frac{p}{p_a}\right)^\xi$	$e_{\Gamma NB} = e_0 + \Delta e_{\Gamma B}$	$\lambda_{NBc} = \frac{1}{[3/(3-M_{NBc})]^\xi}\lambda_i$
CSL	$e_c = e_\Gamma - \lambda_c\left(\frac{p}{p_a}\right)^\xi$	$e_\Gamma = e_0 + \Delta e_{\Gamma B}$	$\lambda_c = kb + \frac{1}{[3/(3-M_{NBc})]^\xi}\lambda_i$

表 7.4　参数值汇总表

方程编号	参数	数值	基本参数
式(7.2)	λ_{i0}	0.006 87	λ_i
	$\alpha_{\lambda i}$	0.009 29	

续表

方程编号	参数	数值	基本参数
式(7.13)	m	3.14	M_c
	M_{c0}	2.09	
	α_M	0.087 2	
	χ_M	0.481	
式(7.9)	b_0	0.009 11	b
	α_b	0.004 29	
	χ_b	0.007 71	
式(7.16)	$\Delta e_{\Gamma B0}$	0.227	$\Delta e_{\Gamma B}$
	$\alpha_{\Gamma B}$	0.266	
	$\chi_{\Gamma B}$	0.420	
式(7.17)	k_0	2.97	k
	α_k	0.94	
	χ_k	2.48	

7.7.5 统一模型的证明

下式给出了 CSL 的统一公式，进一步地，考虑不同级配、不同初始孔隙比的影响，CSL 的截距和斜率可以写为：

$$\begin{cases} e_\Gamma = e_{\Gamma NB} = e_0 + \Delta e_{\Gamma B0} - \alpha_{\Gamma B} I_G - \chi_{\Gamma B} e_0 \\ \lambda_c = kb + \lambda_{NBc} = (k_0 - \alpha_k I_G + \chi_k e_0)(b_0 - \alpha_b I_G - \chi_b e_0) + \lambda_{NBc} \end{cases} \tag{7.30}$$

根据式(7.30)，如果以 4 个不同初始级配、4 个不同初始孔隙比的试验组为例，通过表 7.3 和表 7.4 中的关系及参数值，利用预测得到的临界状态线对试验获得的临界状态点进行预测，分别如图 7.28 至图 7.31 所示。

图中，各 CSL 并不是利用传统方法对临界状态点 CSP 进行拟合得到，而是利用式(7.29)进行预测。可见，式(7.29)预测的 CSL 与实际试验所得的临界状态点基本吻合，可以证明，我们提出的临界状态统一模型是合理的。

图 7.28 至图 7.31 给出了 4 个不同初始级配、4 个不同初始围压下的等向固结线和临界状态线(考虑与不考虑颗粒破碎),由图中 3 条线的分布可以大致总结出如下规律:

(1) 不考虑颗粒破碎时的临界状态线(NBCSL)始终位于等向固结线(ICL)的上方,这是由于剪切过程中仅有颗粒重排列,没有颗粒破碎,土体宏观变形为膨胀变形。

(2) 考虑颗粒破碎的临界状态线(CSL)的斜率显著高于不考虑颗粒破碎时,其原因在于,剪切过程中产生的颗粒破碎驱动了土体变形的缩小,使得 CSL 相对于 NBCSL 产生了向下的偏转。

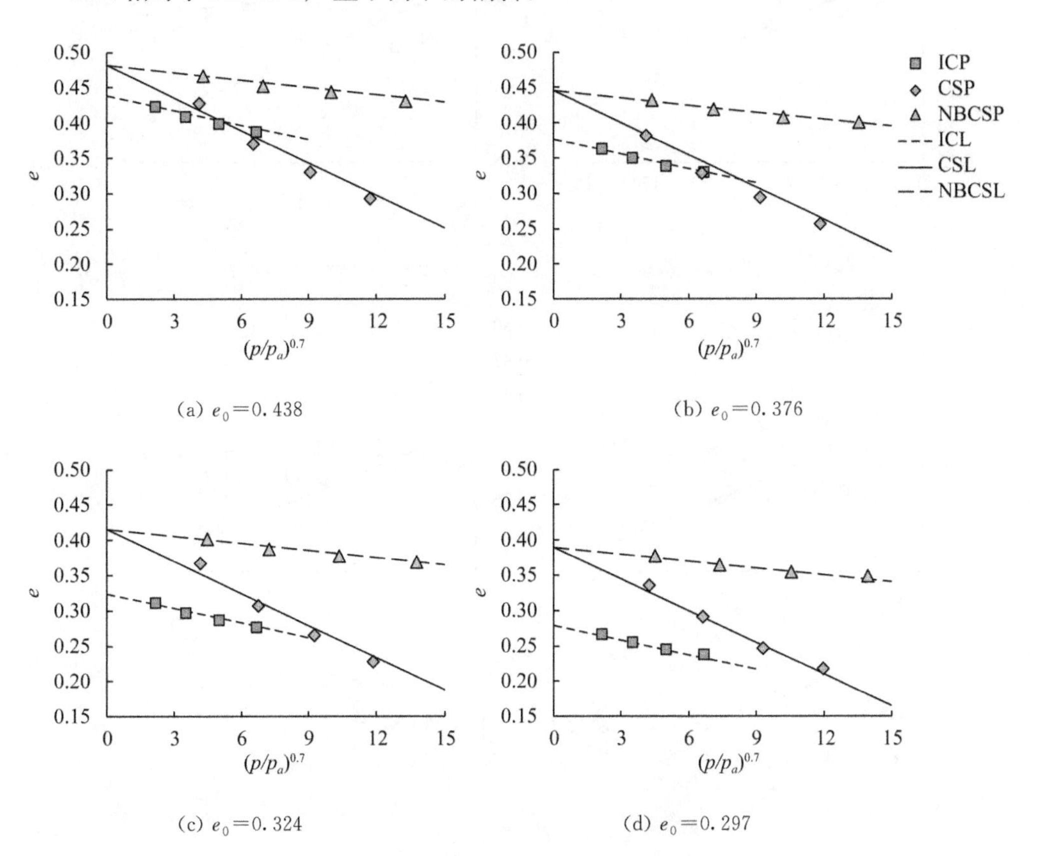

(a) $e_0=0.438$　　(b) $e_0=0.376$

(c) $e_0=0.324$　　(d) $e_0=0.297$

图 7.28　级配 $I_G=0$ 时 CSL 预测

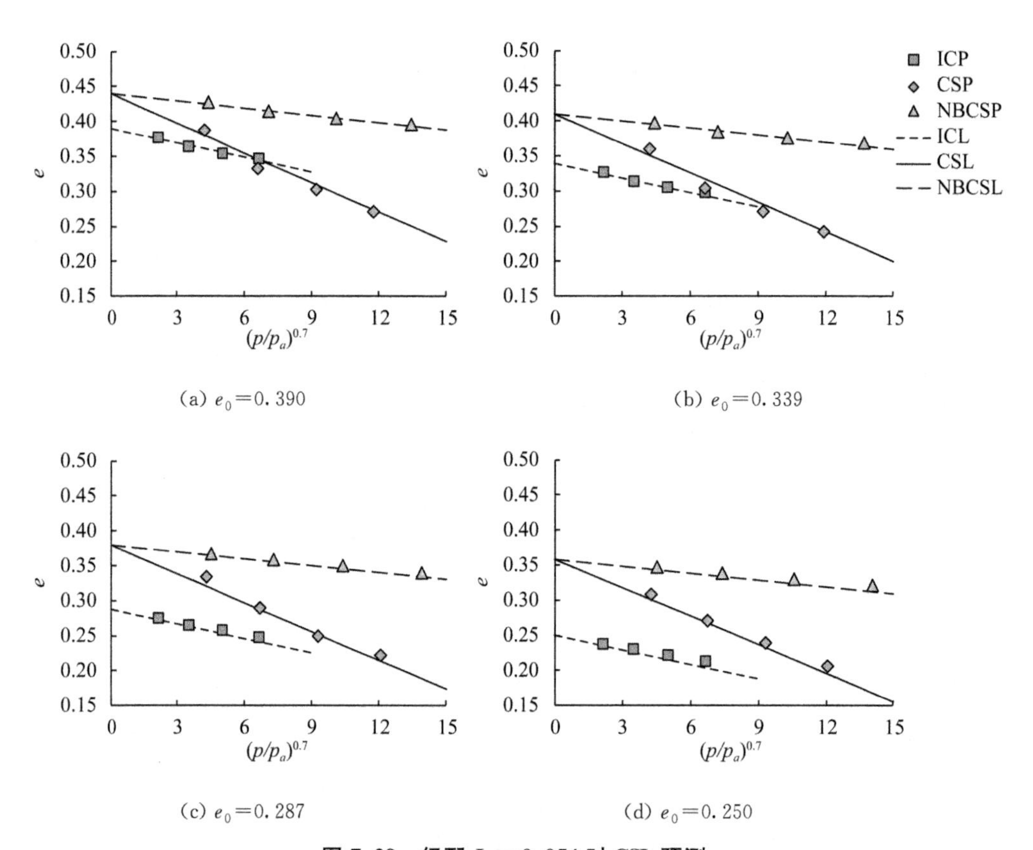

(a) e_0＝0.390

(b) e_0＝0.339

(c) e_0＝0.287

(d) e_0＝0.250

图 7.29　级配 I_G＝0.054 时 CSL 预测

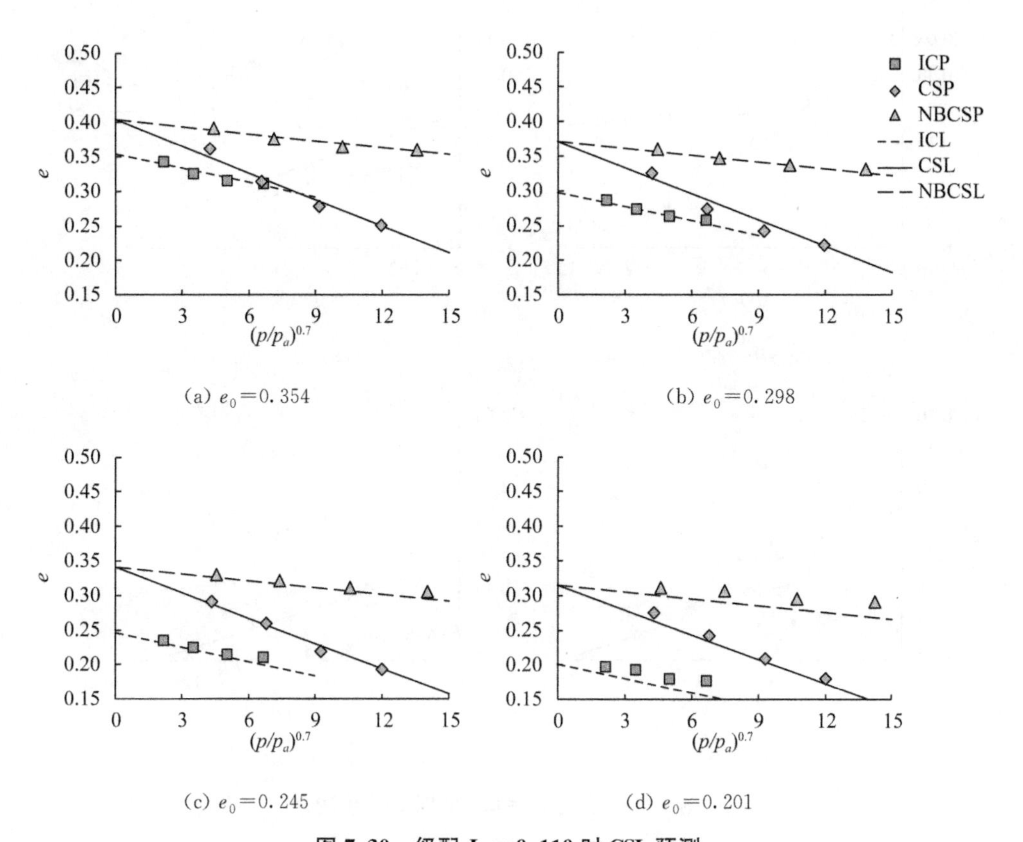

(a) $e_0=0.354$　(b) $e_0=0.298$

(c) $e_0=0.245$　(d) $e_0=0.201$

图 7.30　级配 I_G=0.110 时 CSL 预测

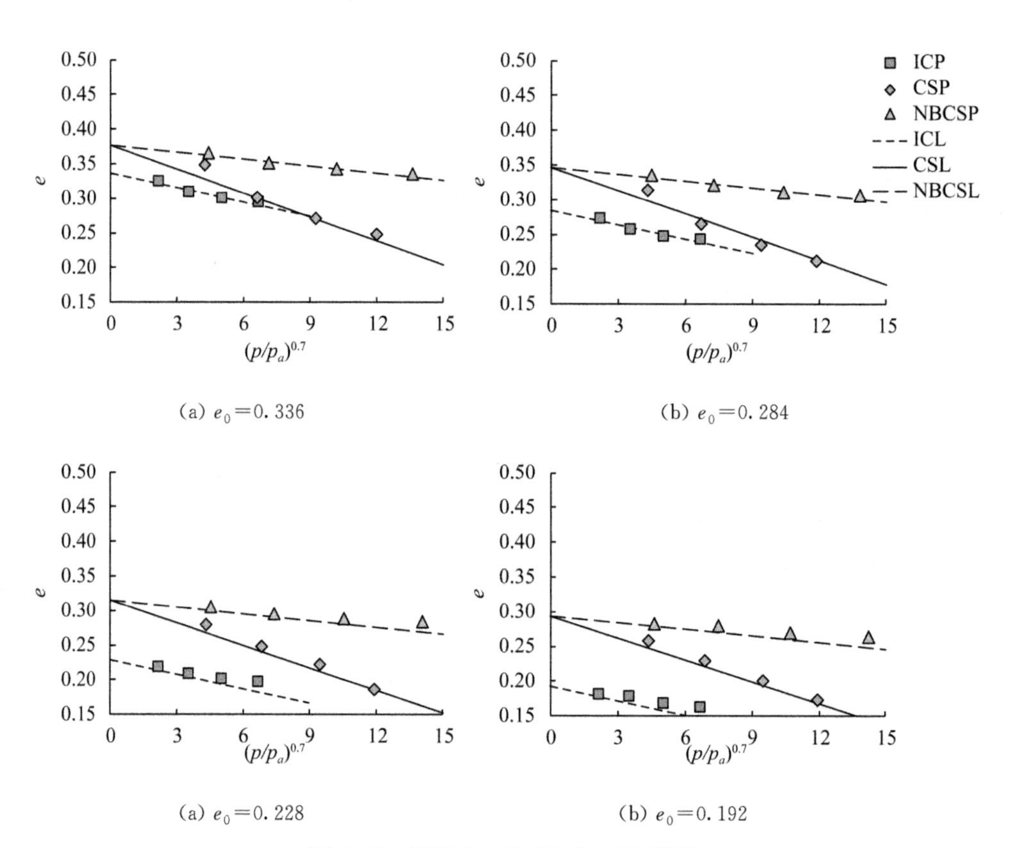

(a) $e_0=0.336$　　(b) $e_0=0.284$

(a) $e_0=0.228$　　(b) $e_0=0.192$

图 7.31　级配 $I_G=0.170$ 时 CSL 预测

7.8　临界状态线的漂移机理

7.8.1　初始孔隙比的影响

有学者研究指出，当初始级配一定时，临界状态线(CSL)会随着 e_0 的减小而逐渐向下漂移，且斜率基本保持不变。这一规律是通过试验直接获得，但是尚未有合理解释。采用本书的CSL统一模型，可以尝试从颗粒破碎的角度进行分析。

以表7.4中的参数为例，假设当 $I_G=0$ 时，$e_0=0.45$、0.40、0.35、0.30、0.25和0.20，根据式(7.29)预测得到的如图7.32所示CSL线，可见，预测的各条CSL基本平行，与前人试验结果一致。进一步地，采用式(7.30)对CSL的斜率和截距进行分析。

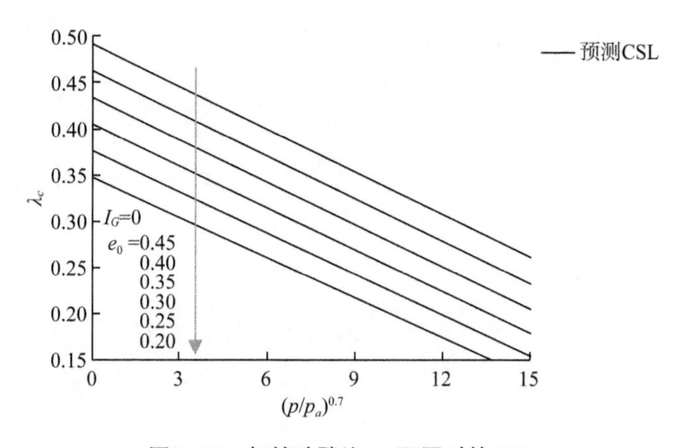

图7.32　初始孔隙比 e_0 不同时的CSL

首先，图7.32中不同 e_0 对应的CSL截距显著不同，呈现出与 e_0 呈正相关的趋势；式(7.30)显示，当级配 I_G 一定时，CSL的截距 e_Γ 与 e_0 呈线性关系，且倍数为 $(1-\chi_{\Gamma B})$ 倍，根据表7.4中提供的 $\chi_{\Gamma B}=0.420$，则截距 e_Γ 与初始孔隙比 e_0 呈线性关系，比例系数为0.58，这可以解释图7.32中CSL与 e_0 成正相关的现象。

其次，图7.32中不同 e_0 对应的CSL基本平行，说明CSL的斜率 λ_c 基本不变。根据式(7.26)，斜率 λ_c 主要由 kb 和 λ_{NBc} 两部分构成。根据式(7.30)，图7.33分别给出了 λ_c、kb 和 λ_{NBc} 与初始孔隙比 e_0 的关系，可以看出，kb 值基

本不变，为 0.012，λ_{NBc} 的值约为 0.003 5，kb 值约为 λ_{NBc} 的 3.5 倍，因此，λ_c 的主要贡献来自 kb。

图 7.33 中显示 kb 值基本不变，因此，进一步地分别绘制了参数 k 和 b 与 e_0 的关系，如图 7.34 所示，k 随着 e_0 增大（如前所述，表示的物理意义为 e_0 增大时，单位颗粒破碎量引发的孔隙比减量增大），b 随着 e_0 减小（如前所述，表示的物理意义为 e_0 增大时，单位应力引发的颗粒破碎量增大），两者的乘积 kb 略有变化，但基本可以视为定值（图 7.33）。

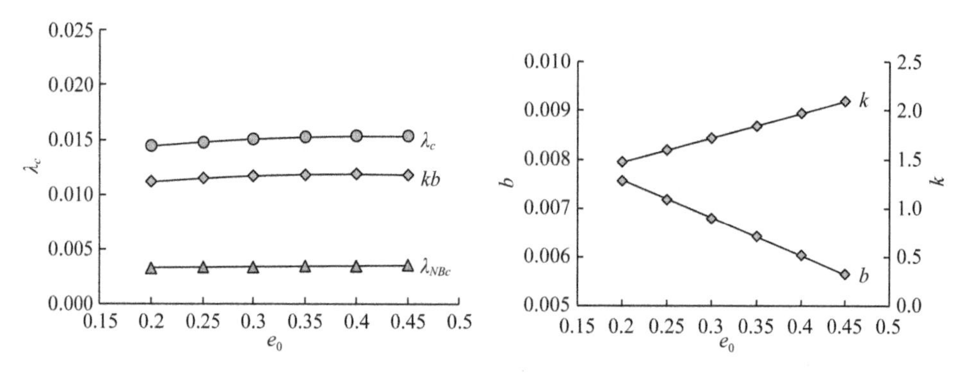

图 7.33　λ_c、kb 和 λ_{NBc} 与初始孔隙比 e_0 的关系

图 7.34　k 和 b 与 e_0 的关系

7.8.2　初始级配的影响

有研究者指出，当初始孔隙比一定时，临界状态线（CSL）会随着级配指数 I_G 的变化而逐渐发生偏转，即斜率和截距都发生变化。继续以表 7.4 中的参数为例，设定了 6 种级配曲线，初始级配参数 I_G 分别为 0，0.027 5，0.058 1，0.097 6，0.150 和 0.221，对应的级配曲线如图 7.35 所示。

根据式（7.29）预测得到的 CSL 如图 7.36 所示，可见，预测的各条 CSL 的截距和斜率都发生了变化，具体变化规律为：截距和斜率都随着 I_G 的增大而降低。

首先，分析截距的变化规律，根据式（7.30），当初始孔隙比 e_0 一定时，CSL 的截距 e_Γ 与 I_G 呈线性关系，且倍数为 $-\alpha_{\Gamma B}$ 倍，这可以解释图 7.36 中 CSL 的截距 e_Γ 与 I_G 成负相关的现象。

其次，根据式（7.29），斜率 λ_c 主要由 kb 和 λ_{NBc} 两部分构成。根据式（7.30），图 7.37 分别给出了 λ_c、kb 和 λ_{NBc} 与初始孔隙比 e_0 的关系，可以看出，kb 值随着 I_G 的增大而显著降低，λ_{NBc} 的值略有降低，λ_c 的主要贡献来自

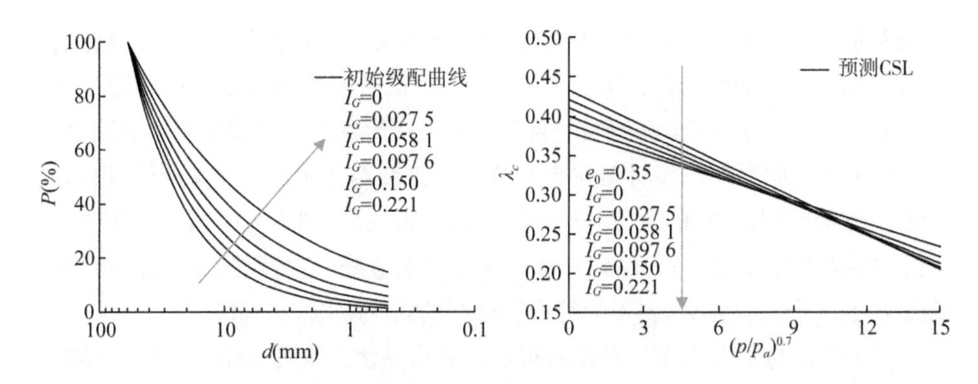

图 7.35　不同 I_G 值对应的级配曲线　　图 7.36　级配 $I_G=0.170$ 时不同初始孔隙比下 CSL 预测

kb，因此，λ_c 呈现出的规律为随着 I_G 的增大而显著降低。

我们进一步地分别绘制了参数 k 和 b 与 I_G 的关系，如图 7.38 所示，k 随着 I_G 减小（如前所述，表示的物理意义为 I_G 增大时，细颗粒增多、粗颗粒减少，单位颗粒破碎量引发的孔隙比减量减小），b 随着 I_G 减小（如前所述，表示的物理意义为 I_G 增大时，细颗粒增多、粗颗粒减少，单位应力引发的颗粒破碎量减小），两者的乘积 kb 则显著减小（图 7.38）。

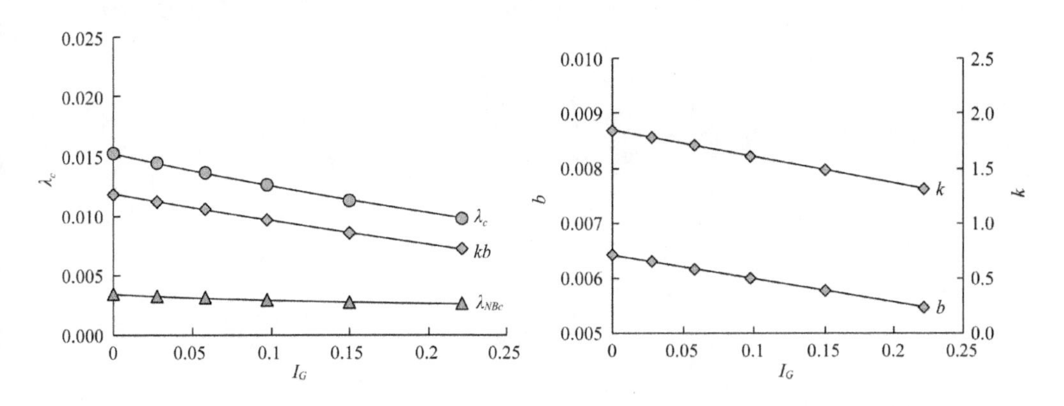

图 7.37　级配 $I_G=0.170$ 时 λ_c、kb、λ_{NBc} 预测　　图 7.38　级配 $I_G=0.170$ 时 k 和 b 预测

7.9　本章小结

本章从颗粒破碎的角度出发，揭示了粗粒土临界状态线的漂移机理，主要结论如下：

（1）提出了粗粒土剪切过程中的颗粒重排列与颗粒破碎变形模式，并用堆石料的三轴固结排水剪切试验结果进行了验证，结果表明，粗粒土在剪切过程中的变形可简化为两部分：颗粒重排列导致的变形为剪胀变形和颗粒破碎导致的剪缩变形，试验观测到的粗粒土宏观变形是上述两部分变形的综合。

（2）不考虑颗粒破碎时粗粒土的临界状态线与等向固结线的形态相同，粗粒土的等向固结线在 $e-(p/p_a)^\xi$ 坐标系下为直线，则不考虑颗粒破碎时粗粒土的临界状态线在 $e-(p/p_a)^\xi$ 坐标系下也为直线，且截距为等向固结线的截距加上一个材料常数，斜率为等向固结线的斜率除以一个材料常数。

（3）考虑与不考虑颗粒破碎时粗粒土的临界状态线可以用一个统一模型来描述，两者的截距相同，考虑颗粒破碎时的斜率则显著高于不考虑颗粒破碎时的斜率。

（4）级配和孔隙比的变化会导致粗粒土临界状态线的漂移，用本章提出的临界状态统一模型，从颗粒破碎的角度可以解释颗粒破碎驱动临界状态线漂移的内在机理。

第 8 章
考虑级配影响的粗粒土状态相关本构模型

广义塑性模型和经典弹塑性模型具有相同的刚度矩阵表达式，最早是由Zienkiewicz 和 Pastor 等在广义塑性理论框架上提出，并成功运用于砂土的应力应变关系研究。与经典弹塑性模型相比，广义塑性模型直接确定了塑性流动方向、加载方向和塑性模量，不需通过塑性势函数和屈服函数推导，使得建模具有更大的灵活性。另外，此类模型可以考虑材料的剪胀和剪缩特性，且刚度矩阵推导过程简单明确，便于在有限元程序中实现分析计算。因此，近年来不少学者将广义塑性理论引入粗粒土的本构模型研究之中，并取得了显著的成果。

上一章中已经讨论了粗粒土的临界状态特性，基于此，本章将引入上一章中的临界状态方程，结合广义塑性理论，建立一个广义塑性模型，同时推导出一般应力状态下的刚度矩阵，最后，利用粗粒土试验验证模型的适用性。

8.1 广义塑形模型的理论基础

弹塑性模型的应力-应变关系为

$$\{d\sigma\} = [\boldsymbol{D}^{ep}]\{d\varepsilon\} \tag{8.1}$$

$$\{d\varepsilon\} = [\boldsymbol{C}^{ep}]\{d\sigma\} \tag{8.2}$$

式中，D^{ep} 和 C^{ep} 分别为弹塑性刚度矩阵和柔度矩阵。

弹塑性理论假定总应变增量 $d\varepsilon$ 分为弹性应变增量 $d\varepsilon^e$ 和塑性应变增量 $d\varepsilon^p$ 之和，即：

$$\{d\varepsilon\} = \{d\varepsilon^e\} + \{d\varepsilon^p\} \tag{8.3}$$

式中，弹性应变增量与应力增量的关系由虎克定律确定：

$$\{d\sigma\} = [\boldsymbol{D}^e]\{d\varepsilon^e\} \tag{8.4}$$

弹塑性刚度矩阵为：

$$[\boldsymbol{D}^{ep}]=[\boldsymbol{D}^{e}]-\frac{[\boldsymbol{D}^{e}]\left\{\frac{\partial g}{\partial \sigma}\right\}\left\{\frac{\partial f}{\partial \sigma}\right\}^{T}[\boldsymbol{D}^{e}]}{\left\{\frac{\partial f}{\partial \sigma}\right\}^{T}[\boldsymbol{D}^{e}]\left\{\frac{\partial g}{\partial \sigma}\right\}-\frac{\partial f}{\partial h}\left\{\frac{\partial h}{\partial \varepsilon^{p}}\right\}^{T}\left\{\frac{\partial g}{\partial \sigma}\right\}} \tag{8.5}$$

弹塑性柔度矩阵为

$$[\boldsymbol{C}^{ep}]=[\boldsymbol{C}^{e}]+[\boldsymbol{C}^{p}]=[\boldsymbol{C}^{e}]+\frac{\left\{\frac{\partial g}{\partial \sigma}\right\}\left\{\frac{\partial f}{\partial \sigma}\right\}^{T}}{-\frac{\partial f}{\partial h}\left\{\frac{\partial h}{\partial \varepsilon^{p}}\right\}^{T}\left\{\frac{\partial g}{\partial \sigma}\right\}} \tag{8.6}$$

令 $H=-\frac{\partial f}{\partial h}\left\{\frac{\partial h}{\partial \varepsilon^{p}}\right\}^{T}\left\{\frac{\partial g}{\partial \sigma}\right\}$，则 H 是反映硬化特性的一个变量，与硬化参数 h 的选择有关，一般而言，可以将 H 作为应力的函数。

在广义塑性理论中没有屈服函数 f、塑性势函数 g 以及硬化参数 h 等概念，而是直接定义了流动方向 n_g 、加载张量 n_f 和塑性模量 H。其中，n_g 用来确定塑性流动方向，相当于经典弹塑性理论里的 $\left\{\frac{\partial g}{\partial \sigma}\right\}$ ；n_f 用来确定加载方向，相当于经典塑性理论里的 $\left\{\frac{\partial f}{\partial \sigma}\right\}$ ；塑性模量 H 作为应力的函数。

n_g 用来确定塑性流动方向，不妨令

$$[\partial g/\partial p \quad \partial g/\partial q]^{T}=n_{g}=[n_{gv} \quad n_{gs}]^{T} \tag{8.7}$$

一方面，根据塑性势理论，塑性应变增量与塑性势函数 g 的关系为

$$\begin{cases} \mathrm{d}\varepsilon_{v}^{p}=\mathrm{d}\lambda \dfrac{\partial g}{\partial p} \\ \mathrm{d}\varepsilon_{s}^{p}=\mathrm{d}\lambda \dfrac{\partial g}{\partial q} \end{cases} \tag{8.8}$$

式中，$\mathrm{d}\lambda$ 为比例常数。

剪胀比 d_g 的定义为 $d_g=\mathrm{d}\varepsilon_v^p/\mathrm{d}\varepsilon_s^p$ ，进一步根据式(8.8)可得：

$$d_{g}=\frac{\mathrm{d}\varepsilon_{v}^{p}}{\mathrm{d}\varepsilon_{s}^{p}}=\frac{\partial g}{\partial p}\Big/\frac{\partial g}{\partial q}=\frac{n_{gv}}{n_{gs}} \tag{8.9}$$

另一方面，由于 n_{gv} 和 n_{gs} 构成方向向量 n_g，即 n_g 的模为 1，则 n_{gv} 和 n_{gs} 还存在如下关系：

$$n_{gv}^{2}+n_{gs}^{2}=1 \tag{8.10}$$

联立式(8.9)和式(8.10)可得：

$$n_{gv}=d_{g}/\sqrt{1+d_{g}^{2}}, n_{gs}=1/\sqrt{1+d_{g}^{2}} \tag{8.11}$$

将式(8.11)代入式(8.7)可得，流动方向 n_g 为：

$$n_{g}=\left[\frac{d_{g}}{\sqrt{1+d_{g}^{2}}} \quad \frac{1}{\sqrt{1+d_{g}^{2}}}\right]^{T} \tag{8.12}$$

我们选择的加载张量 n_f 与塑性流动方向 n_g 不相等，但在数学形式上 n_f 与 n_g 相似，可表示为：

$$n_{f}=\left[\frac{d_{f}}{\sqrt{1+d_{f}^{2}}} \quad \frac{1}{\sqrt{1+d_{f}^{2}}}\right]^{T} \tag{8.13}$$

式中，d_f 通常为峰值应力比 M_f 的函数，将在下一节中详细讨论。

因此，广义塑性刚度矩阵和柔度矩阵分别为

$$[\boldsymbol{D}^{ep}]=[\boldsymbol{D}^{e}]-\frac{[\boldsymbol{D}^{e}]\{n_{g}\}\{n_{f}\}^{T}[\boldsymbol{D}^{e}]}{\{n_{f}\}^{T}[\boldsymbol{D}^{e}]\{n_{g}\}+H} \tag{8.14}$$

$$[\boldsymbol{C}^{ep}]=[\boldsymbol{C}^{e}]+[\boldsymbol{C}^{p}]=[\boldsymbol{C}^{e}]+\frac{\{n_{g}\}\{n_{f}\}^{T}}{H} \tag{8.15}$$

综上所述，广义塑性模型的三要素包括流动方向 n_g、加载张量 n_f 和塑性模量 H，确定了三要素即确定了弹塑性刚度矩阵和柔度矩阵。

一般应力状态下，应力用6个一般应力分量 σ_x、σ_y、σ_z、τ_{yz}、τ_{zx} 和 τ_{xy} 表示，此处统一表示为 σ_{ij}，则塑性势函数 g 和屈服函数 f 与6个应力分量 σ_{ij} 的关系可表示为：

$$\begin{cases}\dfrac{\partial g}{\partial \sigma_{ij}}=\dfrac{\partial g}{\partial p}\dfrac{\partial p}{\partial \sigma_{ij}}+\dfrac{\partial g}{\partial q}\dfrac{\partial q}{\partial \sigma_{ij}} \\ \dfrac{\partial f}{\partial \sigma_{ij}}=\dfrac{\partial f}{\partial p}\dfrac{\partial p}{\partial \sigma_{ij}}+\dfrac{\partial f}{\partial q}\dfrac{\partial q}{\partial \sigma_{ij}}\end{cases} \tag{8.16}$$

式中，g 和 f 对于 p 和 q 的偏导数为：

$$\begin{cases}\dfrac{\partial g}{\partial p}=\dfrac{d_g}{\sqrt{1+d_g^2}},\dfrac{\partial g}{\partial q}=\dfrac{1}{\sqrt{1+d_g^2}}\\[2ex]\dfrac{\partial f}{\partial q}=\dfrac{d_f}{\sqrt{1+d_f^2}},\dfrac{\partial f}{\partial q}=\dfrac{1}{\sqrt{1+d_f^2}}\end{cases}\tag{8.17}$$

p 和 q 对应力分量的偏导数为：

$$\begin{cases}\dfrac{\partial p}{\partial \sigma_{ij}}=\dfrac{1}{3}\delta_{ij}\\[2ex]\dfrac{\partial q}{\partial \sigma_{ij}}=\dfrac{3}{2q}(\sigma_{ij}-p\delta_{ij})\end{cases}\tag{8.18}$$

式中，δ_{ij} 为克罗内克尔(Kronecker)符号，当 $i=j$ 时，$\delta_{ij}=1$，否则 $\delta_{ij}=0$。

对于弹性部分的弹性刚度矩阵 $\boldsymbol{D}^e$ 为：

$$\boldsymbol{D}^e=\frac{E}{(1+\nu)(1-2\nu)}\begin{bmatrix}1-\nu & \nu & \nu & 0 & 0 & 0\\ \nu & 1-\nu & \nu & 0 & 0 & 0\\ \nu & \nu & 1-\nu & 0 & 0 & 0\\ 0 & 0 & 0 & \dfrac{1-2\nu}{2} & 0 & 0\\ 0 & 0 & 0 & 0 & \dfrac{1-2\nu}{2} & 0\\ 0 & 0 & 0 & 0 & 0 & \dfrac{1-2\nu}{2}\end{bmatrix}\tag{8.19}$$

式中，E 为弹性模量；ν 为泊松比。

将式(8.17)和式(8.18)代入式(8.16)即可得到一般应力状态下的 $\partial g/\partial\sigma$ 和 $\partial f/\partial\sigma$，然后再连同式(8.19)代入式(8.5)即可求得一般应力状态下的弹塑性刚度矩阵 $\boldsymbol{D}^{ep}$。

同理，对于弹性部分的弹性柔度矩阵为：

$$\boldsymbol{C}^e=\frac{1}{E}\begin{bmatrix}1 & -\nu & -\nu & 0 & 0 & 0\\ -\nu & 1 & -\nu & 0 & 0 & 0\\ -\nu & -\nu & 1 & 0 & 0 & 0\\ 0 & 0 & 0 & 2(1+\nu) & 0 & 0\\ 0 & 0 & 0 & 0 & 2(1+\nu) & 0\\ 0 & 0 & 0 & 0 & 0 & 2(1+\nu)\end{bmatrix}\tag{8.20}$$

将式(8.16)和式(8.20)代入式(8.6)可得一般应力状态下的弹塑性刚度矩阵 $\boldsymbol{C}^{ep}$。

8.2　模型的提出

8.2.1　粗粒土的状态相关特性

由7.3节可知，粗粒土在等向压缩条件下的 $e-p$ 关系曲线为：

$$e_i = e_0 - \lambda_i \left(\frac{\sigma_3}{p_a}\right)^{\xi} \tag{8.21}$$

式中，λ_i 与级配参数 I_G 有关。

$$\lambda_i = \lambda_{i0} - \alpha_{\lambda i} I_G \tag{8.22}$$

粗粒土的临界状态线在 $e-(p/p_a)^{\xi}$ 平面为直线，其表达式为：

$$e_c = e_{\Gamma} - \lambda_c \left(\frac{p}{p_a}\right)^{\xi} \tag{8.23}$$

式中，截距和斜率与初始孔隙比和初始级配的关系为：

$$e_{\Gamma} = e_{\Gamma 0} - \alpha_{\Gamma} I_G + \chi_{\Gamma} e_0 \tag{8.24}$$

$$\lambda_c = \lambda_{c0} - \alpha_{\lambda c} I_G \tag{8.25}$$

在排水剪试验中，相变状态是指体变 $d\varepsilon_v$ 为零的状态；而不排水剪试验中，相变状态是指孔隙水压力从正值变为负值时对应的状态。对于剪缩性无黏性土，试样只有在达到临界状态时才会发生 $d\varepsilon_v$ 为零的状态，因此，对于剪缩性无黏性土相变状态不复存在。而对于剪胀性无黏性土，相变状态是剪缩向剪胀过渡时对应的状态，在应力水平较低时即可达到。临界状态是试样变形的极限状态，只有在较高的应力水平条件下才能达到。在此基础上，定义状态参量为：

$$\psi = e - e_c \tag{8.26}$$

式中，e 为当前孔隙比，e_c 为相应于当前有效平均正应力作用下的临界孔隙比。

8.2.2　广义塑性模型三要素的确定

如8.1节中所总结的广义塑性模型的三要素包括：流动方向 n_g、加载张

量 n_f 和塑性模量 H。由式(8.24)和式(8.25)可得,确定塑性流动方向 n_g 和加载方向 n_f,实际上就是确定 d_g 和 d_f。其中,d_g 的表达式为:

$$d_g = \beta \frac{3}{3 - M_c}(M_c - \eta) \tag{8.27}$$

根据我们[126]此前提出的粗粒土的屈服方程,采用不相关联流动法则,d_f 的表达式确定为:

$$d_f = \frac{3}{3 - M_c}\left\{\left[\beta\left(\frac{\eta}{3}\right)^{\frac{\beta-1}{\beta}} - \frac{(\beta - 1)\eta}{3}\right]M_c - \eta\right\} \tag{8.28}$$

式中,β 为材料参数。

由于 d_f 与 d_g 不相等,则加载张量 n_f 与塑性流动方向 n_g 也不相等,因此,该模型采用的是不相关联流动法,更符合岩土材料的变形性质。

对于弹性部分,粗粒土的泊松比 v 一般取为 0.3 左右的常数,而弹性体积模量 K_e 会随着应力状态的变化而变化,选择如下公式进行描述:

$$K_e = \frac{(1 + e_0)}{\kappa_0} p \tag{8.29}$$

式中,e_0 为初始孔隙比,κ_0 为等向压缩和卸载试验中卸载时 $e-\ln p$ 曲线的斜率。

等向压缩条件下,孔隙比与应力的关系在 $e-(p/p_a)^{\xi}$ 平面为直线,因此经推导,等向压缩条件下的塑性体积模量 K_p 可表示:

$$K_p = \frac{(1 + e_0)p}{(\lambda_i - \kappa_i)\xi}\left(\frac{p}{p_a}\right)^{-\xi} \tag{8.30}$$

式中,λ_i 和 κ_i 分别为等向压缩曲线在 $e-(p/p_a)^{\xi}$ 平面的加载斜率和卸载斜率。其中,加载斜率 λ_i 为定值,卸载斜率 κ_0 在 $e-\ln p$ 平面为直线,在 $e-(p/p_a)^{\xi}$ 平面则不为直线,可以换算为:

$$\kappa_i = \frac{\kappa_0}{\xi}\left(\frac{p}{p_a}\right)^{-\xi} \tag{8.31}$$

实际上,在加载剪切过程中塑性模量 H 不断减小,即 H 是随着应力比 η 的增大而减小,当 η 等于峰值应力比 M_f 时,试样破坏,H 为零。基于以上分析,引入 d_f 的构造可满足此条件。同时,引入系数 H_0 来调节 H 的数值。最

终 H 确定为：

$$H=(h_1-h_2e_0)[M_c\exp(m\psi)-\eta]\frac{(1+e_0)p}{(\lambda_i-\kappa_i)\xi}\left(\frac{p}{p_a}\right)^{-\xi} \tag{8.32}$$

8.2.3　模型参数及其确定方法

模型假定土体应变由弹性应变和塑性应变两部分组成，其中弹性应变由广义虎克定律确定，需要两个参数，即泊松比 v 和弹性模型 E；塑性部分需要确定的是三要素 d_g、d_f 和塑性模量 H，对应的参数如表 8.1 所示。

表 8.1　粗粒土状态相关本构模型参数汇总

弹性参数	屈服函数参数	临界状态参数	状态相关参数
$v=0.3$	$\beta=0.56$	$M_c=1.722$	$m=4.95$
$\kappa_0=0.0057$		$\lambda_{i0}=0.00687$	$h_1=0.46$
		$\alpha_{\lambda i}=0.00929$	$h_2=0.78$
		$\lambda_{c0}=0.0166$	
		$\alpha_{\lambda c}=0.025$	
		$e_{\Gamma 0}=0.228$	
		$\alpha_{\Gamma}=0.232$	
		$\chi_{\Gamma}=0.602$	

8.3　模型的验证

应力路径试验模拟的是单元体在主应力空间下的应力应变状态，程序是基于应变量增量 $d\varepsilon_1$ 进行编写，其思路为：给定主应变增量 $d\varepsilon_1$，根据本构模型的刚度矩阵可以计算出 $d\varepsilon_2$、$d\varepsilon_3$、$d\sigma_1$、$d\sigma_2$、$d\sigma_3$，得到的应变增量进行叠加得到土体的总应变 ε_1、ε_2 和 ε_3，应力增量叠加得到当前状态下的应力状态 σ_1、σ_2 和 σ_3。由于有些参数与应力状态相关，比如式(8.29)和式(8.32)分别表示的塑性模型 H 和弹性模型，因此需要将当前应力 σ_1、σ_2 和 σ_3 代入到模型参数进行更新得到当前的模型参数；同理，可将模型刚度矩阵更新，以上步骤即完成了一次迭代。然后，再继续赋予一个主应变增量 $d\varepsilon_1$，重复迭代以上步骤，直至应力或应变达到预设的目标值。迭代的示意图如图 8.1 所示。

三轴应力状态下，主应变增量 $d\varepsilon_1$ 相当于已知量，各主应力增量与主应变增量间的关系为：

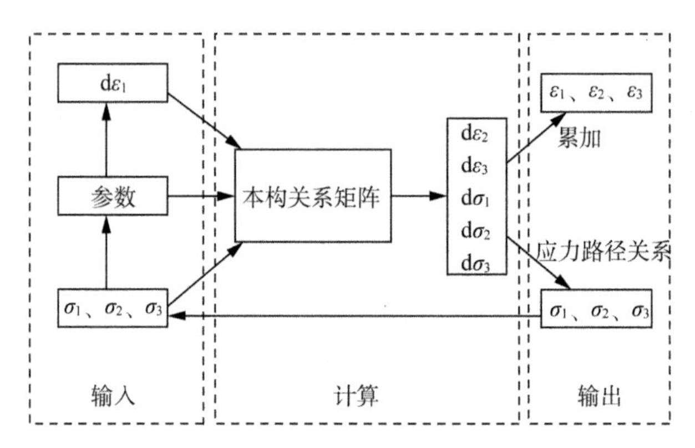

图 8.1 计算程序流程图

$$\begin{Bmatrix} d\sigma_1 \\ d\sigma_2 \\ d\sigma_3 \end{Bmatrix} = \begin{bmatrix} D_{11} & D_{12} & D_{13} \\ D_{21} & D_{22} & D_{23} \\ D_{31} & D_{32} & D_{33} \end{bmatrix} \begin{Bmatrix} d\varepsilon_1 \\ d\varepsilon_2 \\ d\varepsilon_3 \end{Bmatrix} \tag{8.33}$$

三轴试验的 $d\sigma_3$ 与 $d\sigma_2$ 相等，因此 σ_3 和 σ_2 之间存在如下关系：

$$\begin{cases} \sigma_2 = \sigma_3 < \sigma_1 \\ d\sigma_2 = d\sigma_3 \end{cases} \tag{8.34}$$

此外，平均正应力增量 dp 和广义剪应力增量 dq 与各主应力增量之间的关系为：

$$\begin{cases} dp = \dfrac{1}{3}(d\sigma_1 + 2d\sigma_3) \\ dq = d\sigma_1 - d\sigma_3 \end{cases} \tag{8.35}$$

体变增量 $d\varepsilon_v$ 和广义剪应变增量 $d\varepsilon_s$ 与各主应变增量之间的关系为：

$$\begin{cases} d\varepsilon_v = d\varepsilon_1 + 2d\varepsilon_3 \\ d\varepsilon_s = \dfrac{1}{3}d\varepsilon_1 - d\varepsilon_v \end{cases} \tag{8.36}$$

式(8.34)至式(8.36)是三轴应力状态下的基本公式，因此，基于三轴应力状态下的各种应力路径试验都是以此为前提的。

由于三轴试验中 $\sigma_3 = \sigma_2$，$\varepsilon_3 = \varepsilon_2$，因此 3 个主应力和 3 个主应变实际上只需要求解两个主应力 $d\sigma_1$ 和 $d\sigma_3$、两个主应变 $d\varepsilon_1$ 和 $d\varepsilon_3$，其中 $d\varepsilon_1$ 是程序赋予的已知量。可见，应力路径试验在本质上就是根据应力路径的特点，寻找 $d\sigma_1$、$d\sigma_3$ 和 $d\varepsilon_3$ 这 3 个未知量与已知量 $d\varepsilon_1$ 的关系。

在满足式(8.34)至式(8.36)的前提下，普通三轴压缩试验的过程是小主应力 σ_3 保持不变，即 $d\sigma_3$ 为零，在 $d\varepsilon_1$ 和初始刚度矩阵已知的情况下，$d\sigma_1$、$d\sigma_3$ 和 $d\varepsilon_3$ 这 3 个未知量与已知量 $d\varepsilon_1$ 的关系为：

$$\begin{cases} d\sigma_3 = 0 \\ d\varepsilon_3 = -\dfrac{D_{31}}{2D_{33}} d\varepsilon_1 \\ d\sigma_1 = D_{11} d\varepsilon_1 + (D_{12} + D_{13}) d\varepsilon_3 \end{cases} \tag{8.37}$$

利用已编好的堆石料状态相关本构模型的点模型程序及率定好的模型参数，对我们研究所用堆石料的三轴固结排水剪切试验进行数值模拟。

对于固定级配、固定相对密度工况，选择 3 组试验试样，初始级配 I_G 和相对密度 D_r 分别为：① $I_G=0.207$、$D_r=0.6$；② $I_G=0.305$、$D_r=0.9$；③ $I_G=0.163$、$D_r=1.0$；试验围压 σ_3 都为 300 kPa、600 kPa、1 000 kPa 和 1 500 kPa，如图 8.2 所示。

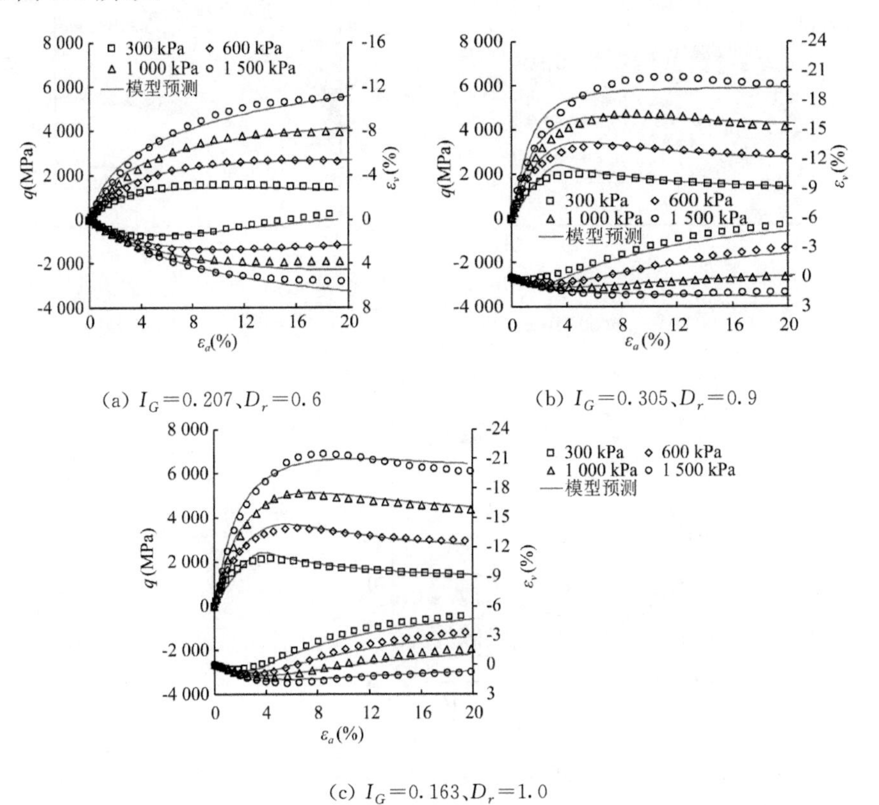

(a) $I_G=0.207$、$D_r=0.6$

(b) $I_G=0.305$、$D_r=0.9$

(c) $I_G=0.163$、$D_r=1.0$

图 8.2　相同 I_G 相同 D_r 不同 σ_3 三轴固结排水剪切试验验证

图 8.2 表明，在任意初始级配 I_G 和相对密度 D_r 条件下，围压 σ_3 越低，应力软化和体变剪胀特征越显著；当围压持续增大时会逐渐过渡到应力硬化和体变剪缩型。

一般而言，现有模型对于应变硬化和体积剪缩型的应力应变规律都能较好描述，部分模型则无法反映应变软化和体积剪胀现象。图 8.2 中所示的 3 组试样包括了应变硬化和体积剪缩特征[图 8.2(a)]，以及显著的应变软化和体积剪胀特征[图 8.2(b)]和[图 8.2(c)]，而本书模型都能较好描述。

对于固定级配、固定围压工况，选择 3 组试样进行验证，初始级配 I_G 和围压 σ_3 分别为：① $I_G=0.163$、$\sigma_3=600$ kPa；② $I_G=0.255$、$\sigma_3=900$ kPa；③ $I_G=0.305$、$\sigma_3=1\ 500$ kPa；相对密度 D_r 都为 0.60、0.75、0.90 和 1.0，如图 8.3 所示。

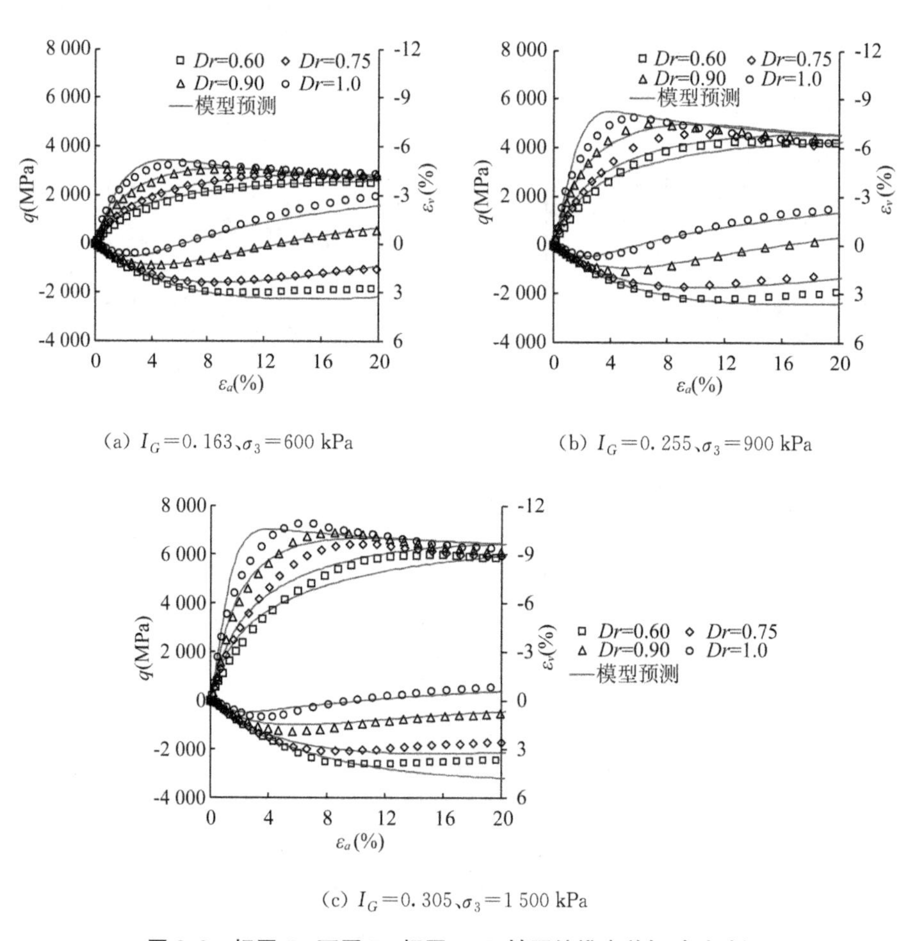

(a) $I_G=0.163$、$\sigma_3=600$ kPa

(b) $I_G=0.255$、$\sigma_3=900$ kPa

(c) $I_G=0.305$、$\sigma_3=1\ 500$ kPa

图 8.3　相同 I_G 不同 D_r 相同 σ_3 三轴固结排水剪切试验验证

当初始级配 I_G 和围压 σ_3 固定时，相对密度 D_r 的变化对于应力应变规律的影响甚为显著，说明粗粒土的性质具有显著的级配相关性。随着相对密度 D_r 的增大，应力由应变硬化型逐渐过渡到应变软化型，体变也由剪缩型过渡到剪胀型。本书模型能较好反映这一演化规律，如图 8.3 所示。

对于固定相对密度、固定围压工况，选择 3 组试样进行验证，相对密度 D_r 和围压 σ_3 分别为：① $D_r=0.75$、$\sigma_3=600$ kPa；② $D_r=0.90$、$\sigma_3=900$ kPa；③ $D_r=1.0$、$\sigma_3=1\,500$ kPa；初始级配 I_G 都为 0.163、0.207、0.255 和 0.305，如图 8.4 所示。

当相对密度 D_r 和围压 σ_3 固定时，级配的变化对于应力应变规律的影响也较为显著，说明粗粒土的性质具有显著的级配相关性：随着级配参数 I_G 的增大（细颗粒含量增多），应力的应变软化特征、体变的剪胀特征越显著，模型预测值能较好反映这一规律，如图 8.4 所示。

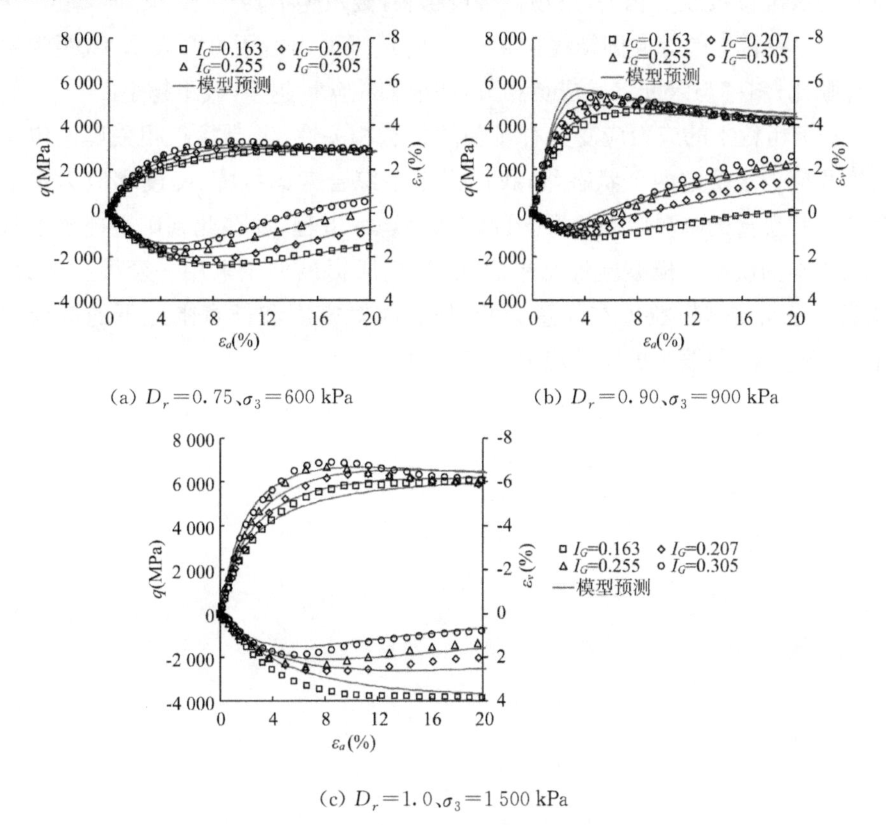

(a) $D_r=0.75$、$\sigma_3=600$ kPa

(b) $D_r=0.90$、$\sigma_3=900$ kPa

(c) $D_r=1.0$、$\sigma_3=1\,500$ kPa

图 8.4　不同 I_G 相同 D_r、σ_3 三轴固结排水剪切试验验证

综上所述，粗粒土的应力应变具有显著的状态相关性，当围压 σ_3 越低、相对密度 D_r 越大、级配参数 I_G 越大（细颗粒含量越高）时，粗粒土会表现出应力软化和体变剪胀特征，反之则表现为应力硬化和体变剪缩。本书模型对于粗粒土在任意级配、任意相对密度和任意围压下的应力应变规律都能较好地预测。

8.4 本章小结

本章基于 4 种级配、4 种相对密度和 4 种围压组合下的 64 组堆石料三轴固结排水剪切试验，研究了考虑粗粒土级配影响的临界状态特性，建立了状态相关本构模型，主要结论如下：

（1）粗粒土的临界状态线在 $e-(p/p_a)^{\xi}$ 平面内可用直线表示，截距与初始孔隙比成正相关；与级配参数成负相关，即细颗粒含量越多，截距越小。斜率只与级配参数成负相关，细颗粒含量越多，截距越小。

（2）粗粒土的等向固结线在 $e-(p/p_a)^{\xi}$ 平面内可用直线表示，截距为初始孔隙比；斜率与级配参数成负相关，即细颗粒含量越多，截距越小。

（3）粗粒土的应力应变具有显著的状态相关性，经典状态相关理论包含密度和应力水平这两个状态量，我们提出了综合考虑级配、密度和应力水平和 3 个状态量的临界状态与等向固结状态统一方程，并在此基础上提出了状态相关本构模型。模型验证结果表明，我们所提模型仅采用一套模型参数，就能较好地预测粗粒土在任意级配、任意相对密度和任意围压下的应变硬化、应变软化、剪缩与剪胀的应力应变规律。

附录　主要符号说明

τ、τ_f　剪应力、破坏剪应力

σ　法向应力

σ_1、σ_2、σ_3　大(轴向)、中、小(围压)主应力

$d\sigma_1$、$d\sigma_2$、$d\sigma_3$　大(轴向)、中、小(围压)主应力的增量

ε_1、ε_2、ε_3　大(轴向)、中、小(围压)主应变

$d\varepsilon_1$、$d\varepsilon_2$、$d\varepsilon_3$　大(轴向)、中、小(围压)主应变的增量

ε_a、ε_v、ε_s　轴向应变、体积应变、广义剪应变

$d\varepsilon_v$、$d\varepsilon_s$　体积应变、广义剪应变的增量

c　黏聚力

P_a　标准大气压力值，为 0.101 MPa

φ、φ_0、$\Delta\varphi$　内摩擦角、标准大气压下内摩擦角、围压增大 10 倍时内摩擦角的减小量

d_g　塑性应变增量比，又称剪胀比

M_c　临界状态应力比

η　应力比

p、p_f　平均正应力、峰值正应力

q、q_f　广义剪应力、峰值偏应力

dp、dq　平均正应力、广义剪应力的增量

ε_v^p、ε_s^p　塑性体积应变、塑性剪应变

$d\varepsilon_v^p$、$d\varepsilon_s^p$　塑性体积应变、塑性剪应变的增量

$\rho_{d\max}$、$\rho_{d\min}$　最大、最小干密度

D_r　相对密度

ρ_{d0}　天然状态或人工填筑之干密度

e_0、$e_{\max}$、$e_{\min}$、e_c　天然或初始、最大、最小、临界孔隙比

d　土料颗粒直径

P　粒径为 d 的颗粒通过筛孔的质量百分率

D　分形维数

$d_{\max}$　颗粒的最大粒径

e_Γ、λ_c、ξ　临界状态线的材料参数

d_{10}、d_{30}、d_{50}、d_{60}　有效、中间、平均、限制粒径

φ、φ_0、$\Delta\varphi$　峰值内摩擦角、材料参数、材料参数的改变量

φ_c　临界状态内摩擦角

I_G　级配指数

λ_i　等向固结线的斜率

λ_{i0}、$\alpha_{\lambda i}$　λ_i 与 I_G 的拟合参数

e_i　等向固结孔隙比

b　B_r 与 p 的拟合参数

Δe_{ci}　从等向固结点加载剪切到临界状态点所产生的体变

$\Delta e_{\Gamma B}$、k　Δe_{ci} 与 B_r 的拟合参数

M_{NBc}、p_{NBc}、e_{NBc}　颗粒不发生破碎时的临界状态应力比、平均主应力、临界孔隙比

$e_{\Gamma NB}$、λ_{NBc}　颗粒不发生破碎时的 e_{NBc} 与 p 的参数

$\mathrm{d}\sigma$、$\mathrm{d}\varepsilon$　应力、应变的增量

$\mathrm{d}\varepsilon^e$、$\mathrm{d}\varepsilon^p$　弹性、塑性应变增量

$\mathbf{D}^e$、$\mathbf{D}^p$、$\mathbf{D}^{ep}$　弹性、塑性、弹塑性刚度矩阵

$\mathbf{C}^e$、$\mathbf{C}^p$、$\mathbf{C}^{ep}$　弹性、塑性、弹塑性柔度矩阵

f、g、H、h　屈服函数、塑性势函数、塑性模量、硬化参数

n_g、n_f　流动方向、加载张量

n_{gv}、n_{gs}　n_g 的方向向量

$d\lambda$　比例常数

d_f　峰值应力比 M_f 的函数

σ_{ij}　应力的 σ_x、σ_y、σ_z、τ_{yz}、τ_{zx} 和 τ_{xy} 6 个分量

δ_{ij}　克罗内克尔(Kronecker)符号，当 $i=j$ 时，$=1$，否则 $=0$

E、ν　弹性模量、泊松比

参考文献

[1] 黄茂松,姚仰平,尹振宇,等.土的基本特性及本构关系与强度理论[J].土木工程学报,2016,49(7):9-35.

[2] 郭万里,朱俊高,钱彬,等.粗粒土的颗粒破碎演化模型及其试验验证[J].岩土力学,2019,40(3):1023-1029.

[3] ZHU J G, GUO W L, WEN Y F, et al. New gradation equation and applicability for particle-size distributions of various soils [J]. International Journal of Geomechanics,2018,18(2):04017155.

[4] GUO W L, ZHU J G, SHI W C, et al. Dilatancy equation for rockfill materials under three-dimensional stress conditions [J]. International Journal of Geomechanics,2019,19(5):04019027.

[5] GUO W L, ZHU J G. Energy consumption of particle breakage and stress dilatancy in drained shear of rockfill materials [J]. Geotechnique Letters,2017,7(4):304-308.

[6] 魏匡民,陈生水,李国英,等.基于状态参数的筑坝粗粒土本构模型[J].岩土工程学报,2016,38(4):654-661.

[7] 郦能惠. 高混凝土面板堆石坝新技术[M].北京:中国水利水电出版社,2007.

[8] 蔡正银,钟启明,何宁,等.堰塞体状态相关剪胀理论与坝体溃决演化规律研究构想[J].工程科学与技术,2021,53(6):21-32.

[9] 郭庆国. 粗粒土的工程特性及应用[M].郑州:黄河水利出版社,1998.

[10] 李振,邢义川. 干密度和细粒含量对砂卵石及碎石抗剪强度的影响[J].岩土力学,2006(12):2255-2260.

[11] 魏松,朱俊高. 粗粒土料湿化变形三轴试验研究[J].岩土力学,2007,28(8):1609-1614.

[12] 秦红玉,刘汉龙,高玉峰,等.粗粒料强度和变形的大型三轴试验研究[J].岩土力学,2004,25(10):1575-1580.

[13] 杜俊,侯克鹏,梁维,等.粗粒土压实特性及颗粒破碎分形特征试验研究[J].岩土力

学,2013,34(S1):155-161.

[14] 包卫星,郭小龙,杨万精. 干旱荒漠区天然砂砾路基填料压实特性分析[J]. 中国公路学报,2017,30(2):18-24.

[15] 石熊,张家生,刘蓓,等. 高速铁路粗粒土填料级配改良试验[J]. 中南大学学报:自然科学版,2014,45(11):3964-3969.

[16] DUNCAN J M, BYRNE P, WONG K, et al. Strength, stress-strain and bulk modulus parameters for finite element analyses of stresses and movements in soil masses [R]. Report No. UCB/GT/80-01, University of California, Berkeley, 1980.

[17] MARSCHI D, CHAN C K, SEED H B. Evaluation of properties of rockfill materials [J]. Journal of Soil Mechanics & Foundations Division,1972,98(1):95-114.

[18] CHARLES J A, WATTS K S. The influence of confining pressure on the shear strength of compacted rockfill[J]. Geotechnique,1980,4(30):353-367.

[19] 任秋兵,李明超,杜胜利,等. 筑坝堆石料抗剪强度间接测定模型与实用计算公式研究[J]. 水利学报,2019,50(10):1200-1213.

[20] LEPS T M. Review of shearing strength of rockfill[J]. Journal of the Soil Mechanics and Foundations Division,1970,96(4):1159-1170.

[21] HONKANADAVAR N P, GUPTA S L, RATNAM M. Effect of particle size and confining pressure on shear strength parameter of rockfill materials[J]. International Journal of Advanced Civil Engineering and Architecture, 2012, 1(1): 49-63.

[22] 郭庆国. 粗粒土的抗剪强度特性及其参数[J]. 陕西水力发电,1990(3):29-36.

[23] 董云,柴贺军. 土石混合料剪切面分形特征试验研究[J]. 岩土力学,2007(5):1015-1020.

[24] 丁树云,蔡正银,凌华. 堆石料的强度与变形特性及临界状态研究[J]. 岩土工程学报,2010,32(2):248-252.

[25] 张丙印,贾延安,张宗亮. 堆石体修正 Rowe 剪胀方程与南水模型[J]. 岩土工程学报,2007(10):1443-1448.

[26] 郭万里,蔡正银,武颖利,等. 粗粒土的颗粒破碎耗能及剪胀方程研究[J]. 岩土力学,2019,40(12):4703-4710.

[27] 李广信,郭瑞平. 土的卸载体缩与可恢复剪胀[J]. 岩土工程学报,2000(2):158-161.

[28] 刘萌成,高玉峰,刘汉龙. 堆石料剪胀特性大型三轴试验研究[J]. 岩土工程学报,2008(2):205-211.

[29] 中华人民共和国住房和城乡建设部. 土工试验方法标准:GB/T 50123—2019[S]. 北京:中国计划出版社,2019.

[30] BISHOP A W, HENKEL D J. The measurement of soil properties in the triaxial test[J]. Coefficient of Internal Friction, 1957.

[31] 汪小刚.高土石坝几个问题探讨[J].岩土工程学报,2018,40(2):203-222.

[32] XIAO Y, LIU H, CHEN Y, et al. Strength and deformation of rockfill material based on large-scale triaxial compression tests. Ⅱ: Influence of particle breakage[J]. Journal of Geotechnical and Geoenvironmental Engineering, 2014, 140(12): 04014071.

[33] 郭万里,朱俊高,王俊杰,等.粗粒土静力特性及室内测试技术研究进展[J].岩石力学与工程学报,2020,39(S2):3570-3585.

[34] 曹敏,范逸峰,武利强.粗粒料干密度缩尺效应规律及影响因素分析[J].水电能源科学,2017,35(10):120-122.

[35] 梅迎军,梁乃兴,李志勇.尺寸效应对砂砾石变形特性的分析[J].重庆交通学院学报,2005(2):79-82.

[36] 花俊杰,周伟,常晓林,等.堆石体应力变形的尺寸效应研究[J].岩石力学与工程学报,2010,29(2):328-335.

[37] VARADARAJAN A, SHARMA K G, VENKATACHALAM K, et al. Testing and modeling two rockfill materials[J]. Journal of Geotechnical and Geoenvironmental Engineering,2003,129(3):206-218.

[38] 李凤鸣,卞富宗.两种粗粒土的比较试验[J].勘察科学技术,1991(2):25-29.

[39] 日本土质工学会.粗粒料的现场压实[M].北京:中国水利水电出版社,1999.

[40] 史彦文.大粒径砂卵石最大密度的研究[J].土木工程学报,1981(2):53-58.

[41] 田树玉.用渐近线辅助拟合法确定大粒径砂卵石最大干容重[J].岩土工程学报,1992(1):35-43.

[42] 武利强,朱晟,章晓桦,等.粗粒料试验缩尺效应的分析研究[J].岩土力学,2016,37(8):2187-2197.

[43] 朱晟,王永明,翁厚洋.粗粒筑坝材料密实度的缩尺效应研究[J].岩石力学与工程学报,2011,30(2):348-357.

[44] 冯冠庆,杨荫华.堆石料最大指标密度室内试验方法的研究[J].岩土工程学报,1992(5):37-45.

[45] 郭庆国,刘贞草.超径粗粒土最大干密度的近似测定方法[J].水利学报,1993(10):70-78.

[46] 朱俊高,翁厚洋,吴晓铭,等.粗粒料级配缩尺后压实密度试验研究[J].岩土力学,2010,31(8):2394-2398.

[47] 褚福永,朱俊高,翁厚洋,等.粗粒料级配缩尺后最大干密度试验研究[J].岩土力学,2020,41(5):1599-1604.

[48] 吴二鲁,朱俊高,郭万里,等.缩尺效应对粗粒料压实密度影响的试验研究[J].岩土工程学报,2019,41(9):1767-1772.

[49] 赵娜,左永振,王占彬,等. 基于分形理论的粗粒料级配缩尺方法研究[J]. 岩土力学,2016,37(12):3513-3519.

[50] 朱晟,钟春欣,郑希镭,等. 堆石体的填筑标准与级配优化研究[J]. 岩土工程学报,2018,40(1):108-115.

[51] 孙卫江,冯卉,吴远鹏,等. 粗粒料相对密度室内与现场试验对比分析[J]. 水资源与水工程学报,2018,29(2):225-228.

[52] 朱晟,张露澄. 连续分布超径粗粒土的级配缩尺方法与适用条件[J]. 岩石力学与工程学报,2019,38(9):1895-1904.

[53] MARSAL R J. Large scale testing of rockfill materials[J]. Journal of the Soil Mechanics and Foundations Division,1967,93(2):27-43.

[54] HALL E B, GORDON B B. Triaxial testing with large-scale high pressure equipment[J]. Laboratory Shear Testing of Soils,ATSM STP,1964,361:315.

[55] 王继庄. 粗粒料的变形特性和缩尺效应[J]. 岩土工程学报,1994,16(4):89-95.

[56] 孔宪京,宁凡伟,刘京茂,等. 基于超大型三轴仪的堆石料缩尺效应研究[J]. 岩土工程学报,2019,41(2):255-261.

[57] 刘赛朝,吴鑫磊,徐卫卫,等. 堆石料缩尺效应试验研究[J]. 人民长江,2021,52(1):173-176,217.

[58] 宁凡伟,孔宪京,邹德高,等. 筑坝材料缩尺效应及其对阿尔塔什面板坝变形及应力计算的影响[J]. 岩土工程学报,2021,43(2):263-270.

[59] 郦能惠,朱铁,米占宽. 小浪底坝过渡料的强度与变形特性及缩尺效应[J]. 水电能源科学,2001(2):39-42.

[60] 凌华,殷宗泽,朱俊高,等. 堆石料强度的缩尺效应试验研究[J]. 河海大学学报:自然科学版,2011,39(5):540-544.

[61] 马刚,周伟,常晓林,等. 堆石料缩尺效应的细观机制研究[J]. 岩石力学与工程学报,2012,31(12):2473-2482.

[62] 武利强,叶飞,林万青. 堆石料力学特性缩尺效应试验研究[J]. 岩土工程学报,2020,42(S2):141-145.

[63] 王永明,朱晟,任金明,等. 筑坝粗粒料力学特性的缩尺效应研究[J]. 岩土力学,2013,34(6):1799-1806,1823.

[64] 李响,马刚,周伟,等. 考虑颗粒强度尺寸效应的堆石体缩尺效应研究[J]. 水力发电学报,2016,35(12):12-22.

[65] 孟敏强,王磊,蒋翔,等. 基于尺寸效应的粗粒土单颗粒破碎试验及数值模拟[J]. 岩土力学,2020,41(9):2953-2962.

[66] 傅华,韩华强,凌华. 堆石料级配缩尺方法对其室内试验结果的影响[J]. 岩土力学,2012,33(9):2645-2649.

[67] XIAO Y, LIU H, CHEN Y, et al. Strength and deformation of rockfill material based on large-scale triaxial compression tests. Ⅰ:Influences of density and pressure [J]. Journal of Geotechnical and Geoenvironmental Engineering, 2014, 140 (12):04014070.

[68] 李小梅,关云飞,凌华,等.考虑级配影响的堆石料强度与变形特性[J].水利水运工程学报,2016(4):32-39.

[69] 赵婷婷,周伟,常晓林,等.堆石料缩尺方法的分形特性及缩尺效应研究[J].岩土力学,2015,36(4):1093-1101.

[70] 谢定松,蔡红,魏迎奇,等.粗粒土渗透试验缩尺原则与方法探讨[J].岩土工程学报,2015,37(2):369-373.

[71] 徐琨,周伟,马刚.颗粒破碎对堆石料填充特性缩尺效应的影响研究[J].岩土工程学报,2020,42(6):1013-1022.

[72] 杨少博,邱珍锋,王爱国,等.考虑缩尺效应对颗粒破碎影响的堆石料临界状态研究[J].长江科学院院报,2022,39(2):122-128.

[73] 周泳峰,王俊杰,王爱国,等.缩尺效应对堆石料颗粒破碎特性的影响[J].水电能源科学,2021,39(8):165-168,65.

[74] 马捷,韩文喜,聂超.粗颗粒填料蠕变的缩尺效应研究[J].水力发电,2019,45(9):27-31.

[75] 卢一为,程展林,潘家军,等.筑坝堆石料力学特性试验等效密度确定方法研究[J].岩土工程学报,2020,42(S1):75-79.

[76] 汪居刚,魏松,耿子硕,等.考虑缩尺效应粗粒料单向压缩湿化变形试验研究[J].人民珠江,2016,37(6):1-4.

[77] 肖志威.粗粒料强度与变形特性的缩尺效应试验研究[D].武汉:长江科学院,2019.

[78] 吴鑫磊.土石坝筑坝粗粒料的缩尺效应试验研究[D].邯郸:河北工程大学,2021.

[79] 王乐乐.筑坝粗粒料力学特性研究及缩尺效应分析[D].郑州:华北水利水电大学,2021.

[80] 杨少博.缩尺效应对堆石料压缩特性影响的试验研究[D].重庆:重庆交通大学,2021.

[81] 张晓将,陆希.高土石坝堆石料缩尺效应研究[J].陕西水利,2020(3):36-38,41.

[82] 李毓,李林安,陈坤生,等.基于离散单元法的粗粒料缩尺效应探究[J].铁道科学与工程学报,2018,15(7):1722-1729.

[83] 司洪洋.大型三轴试验的选型问题[J].勘察科学技术,1988(1):12-16.

[84] HU W, DANO C, HICHER P, et al. Effect of sample size on the behavior of granular materials[J]. Geotechnical Testing Journal,2011,34(3):186-197.

[85] ROSCOE K H, POOROOSHASB H B. A theoretical and experimental study of

strains in triaxial compression tests on normally consolidated clays [J]. Geotechnique,1963,13(1):12-38.

[86] LI X S. A sand model with state-dependent dilatancy[J]. Geotechnique,2002,52(3):173-186.

[87] 蒋明镜. 现代土力学研究的新视野——宏微观土力学[J]. 岩土工程学报,2019,41(2):195-254.

[88] YIN Z Y,HICHER P Y,DANO C,et al. Modeling mechanical behavior of very coarse granular materials [J]. Journal of Engineering Mechanics, 2017, 143(1):C4016006.

[89] XU W J,HU L M,GAO W. Random generation of the meso-structure of a soil-rock mixture and its application in the study of the mechanical behavior in a landslide dam[J]. International Journal of Rock Mechanics and Mining Sciences,2016,86:166-178.

[90] CALAMAK M,YANMAZ A M. Probabilistic assessment of slope stability for earth-fill dams having random soil parameters [C]. IAHR International Symposium on Hydraulic Structures. 2014.

[91] 刘鑫,王宇,李典庆. 考虑土体参数空间变异性的边坡大变形破坏模式研究[J]. 工程地质学报,2019,27(5):1078-1084.

[92] 朱晟,卢知是. 考虑级配空间随机特性的堆石坝变形应力分析[J]. 河海大学学报:自然科学版,2021,49(6):543-549.

[93] 中华人民共和国水利部. 2020 年全国水利发展统计公报[M]. 北京:中国水利水电出版社,2021.

[94] 罗奇志,袁朝阳,韩雪刚,等. 土石混填体缩尺效应研究现状与发展趋势[J]. 市政技术,2021,39(8):198-201.

[95] 黄崇伟,郭丹丹,王德荣,等. 粗粒土压实特性与高填体沉降规律研究[J]. 上海理工大学学报,2020,42(5):512-518.

[96] 王玉锁,王明年,童建军,等. 砂类土体隧道围岩压缩模量的试验研究[J]. 岩土力学,2008(6):1607-1612,1617.

[97] 刘丽萍,折学森. 土石混合料压实特性试验研究[J]. 岩石力学与工程学报,2006(1):206-210.

[98] 翁厚洋,景卫华,李永红,等. 粗粒料缩尺效应影响因素分析[J]. 水资源与水工程学报,2009,20(3):25-28,34.

[99] 朱俊高,郭万里,王元龙,等. 连续级配土的级配方程及其适用性研究[J]. 岩土工程学报,2015,37(10):1931-1936.

[100] 张宗亮,程凯,杨再宏,等. 红石岩堰塞坝应急处置与整治利用关键技术[J]. 水电与

抽水蓄能,2020,6(2):1-10,25.

[101] 彭双麒,许强,郑光,等. 白格滑坡-碎屑流堆积体颗粒识别与分析[J]. 水利水电技术,2020,51(2):144-154.

[102] FULLER W B, THOMPSON S E. The laws of proportioning concrete[J]. Transactions of the American Society of Civil Engineers,1907,59(2):67-143.

[103] TALBOT A N, RICHART F E. The strength of concrete, its relation to the cement aggregates and water[J]. University of Illinois. Engineering Experiment Station. Bulletin; NO. 137, 1923.

[104] SWAMEE P K, OJHA C S P. Bed-load and suspended-load transport of nonuniform sediments[J]. Journal of Hydraulic Engineering,1991,117(6):774-787.

[105] 王启云,项玉龙,张丙强,等. 粗粒土的级配方程及应用[J]. 科学技术与工程,2020,20(31):12968-12973.

[106] 左永振,张伟,潘家军,等. 粗粒料级配缩尺方法对其最大干密度的影响研究[J]. 岩土力学,2015,36(S1):417-422.

[107] 赵菊凤. 中粗粒土击实试验应注意的几个问题[J]. 甘肃科技,2008(14):153-154.

[108] 张爱萍,范云,孙卓恒. 粘性粗粒土击实特性的试验研究[J]. 山西建筑,2013,39(9):45-46.

[109] 余明东,钱波,何仕海. 黏性粗粒土压实特性试验研究[J]. 人民黄河,2015,37(6):99-101.

[110] 于钱米. 粗粒土颗粒破碎演化规律研究[D]. 北京:北京交通大学,2018.

[111] DUNCAN J M ,CHANG C Y. Nonlinear analysis of stress and strain in soils[J]. Journal of the Soil Mechanics and Foundations Division,1970,96(5):1629-1653.

[112] 周江平,彭雄志,赵善锐. 纤维束强度理论与土体抗剪强度的尺寸效应研究[J]. 铁道学报,2005,27(1):96-101.

[113] 朱俊高,刘忠,翁厚洋,等. 试样尺寸对粗粒土强度及变形试验影响研究[J]. 四川大学学报:工程科学版,2012,44(6):92-96.

[114] 黄孝芳. 珊瑚砂砾三轴试验尺寸效应研究[D]. 桂林:桂林理工大学,2021.

[115] 蔡正银,侯贺营,张晋勋,等. 考虑颗粒破碎影响的珊瑚砂临界状态与本构模型研究[J]. 岩土工程学报,2019,41(6):989-995.

[116] 蔡正银,侯贺营,张晋勋,等. 密度与应力水平对珊瑚砂颗粒破碎影响试验研究[J]. 水利学报,2019,50(2):184-192.

[117] BANDINI V,COOP M R. The influence of particle breakage on the location of the critical state line of sands [J]. Soils and Foundations,2011,51(4):591-600.

[118] 孙吉主,汪稔. 钙质砂的耦合变形机制与本构关系探讨[J]. 岩石力学与工程学报,2002,21(8):1263-1266.

[119] 胡波. 三轴条件下钙质砂颗粒破碎力学性质与本构模型研究[D]. 武汉:中国科学院武汉岩土力学研究所,2008.

[120] XIAO Y, LIU H, DING X, et al. Influence of particle breakage on critical state line of rockfill material [J]. International Journal of Geomechanics, 2016, 16(1):04015031.

[121] 武颖利,皇甫泽华,郭万里,等. 考虑颗粒破碎影响的粗粒土临界状态研究[J]. 岩土工程学报,2019,41(z2):25-28.

[122] 蔡正银,李小梅,韩林,等.考虑级配和颗粒破碎影响的堆石料临界状态研究[J]. 岩土工程学报,2016,38(8):1357-1364.

[123] GUO W L, CAI Z Y, WU Y L, et al. Estimations of three characteristic stress ratios for rockfill material considering particle breakage[J]. 固体力学学报:英文版, 2019, 32(2): 215-229.

[124] EINAV I. Breakage mechanics—Part Ⅰ:Theory[J]. Journal of the Mechanics and Physics of Solids,2007,55(6):1274-1297.

[125] 孔德志,张丙印,孙逊. 钢珠模拟堆石料三轴试验研究[J]. 水力发电学报,2010,29(2):210-215,221.

[126] GUO W L,CHEN G, WANG J J,et al. Energy-based plastic potential and yield functions for rockfills [J]. Bulletin of Engineering Geology and the Environment, 2022,81(1):36.